3D일러스트로 둘러보는 아파트 집고치기 사례

살고 싶은 **아파트 리모델링**

일러두기

1. 본문의 면적 단위는 일본에서 사용하는 조(畳) 단위를 일괄적으로 m²로 환산해
   소수점 둘째 자리에서 반올림하여 표기했습니다.
2. 프롤로그의 만화는 상단에 표시한 화살표 방향대로 읽어주세요.
3. 본문에서 말하는 '아파트'는 원서에서 '맨션'으로, 한국의 아파트에 해당합니다.

3D일러스트로 둘러보는 아파트 집고치기 사례

살고 싶은 **아파트 리모델링**

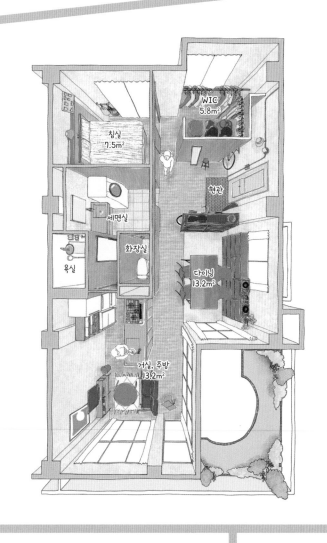

리노베루 지음 | 박재영 옮김

시그마북스
Sigma Books

살고 싶은 아파트 리모델링

발행일 2023년 2월 20일 초판 1쇄 발행
지은이 리노베루
옮긴이 박재영
발행인 강학경
발행처 시그마북스
　　　　 Sigma Books
마케팅 정제용
에디터 최연정, 최윤정
디자인 강경희, 김문배

등록번호 제10-965호
주소 서울특별시 영등포구 양평로 22길 21 선유도코오롱디지털타워 A402호
전자우편 sigmabooks@spress.co.kr
홈페이지 http://www.sigmabooks.co.kr
전화 (02) 2062-5288~9
팩시밀리 (02) 323-4197
ISBN 979-11-6862-101-5 (13540)

スタッフ
間取りイラスト：大門佑輔（sinden inc.）、Isami Maki
マンガ・Columnイラスト：さじろう
Before間取り図：長岡伸行
編集・執筆協力：佐藤可奈子
執筆／リノベる株式会社： 安江浩、木波本直宏、萩森浩美、山神達彦、大塚敏雄、清水淳、
　　　　　　　　　　　　　小野寺七海、木内玲奈、千葉剛史
ブックデザイン：三木俊一（文京図案室）
DTP：TKクリエイト（竹下隆雄）
印刷：シナノ書籍印刷

ICHIBAN TANOSHII APARTMENT NO MADORI ZUKAN
© RENOVERU 2022
Originally published in Japan in 2022 by X-Knowledge Co., Ltd.
Korean translation rights arranged through AMO Agency, KOREA.

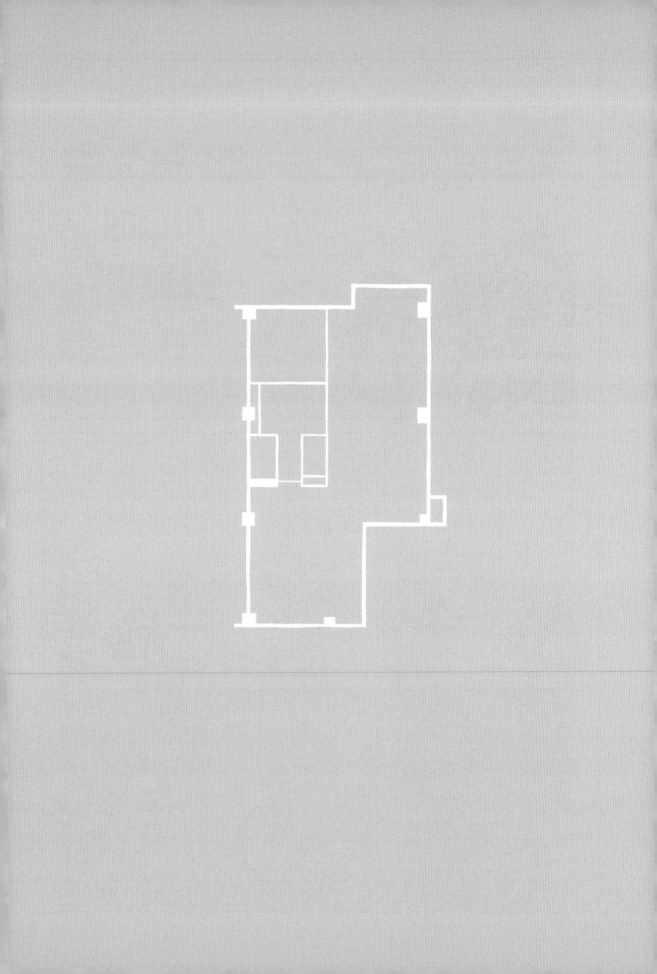

이상적인 집 구조는 어디에 있을까?

> 커다란 소파에 앉아서 영화를 보고 싶어요. 재택근무 공간이 필요해요. 역에서 가까운 곳이 좋아요.

> 넓은 개방형 주방에 친구를 초대해서 파티하고 싶어요. 아이 방은 필수! 친정과 직장에서 가까운 곳이 좋아요.

까야~

임신을 계기로 이사할 집을 찾는 리노베 부부. 새로운 생활에 꿈을 부풀리는 두 사람은 오늘도 이상적인 집을 찾아다니는데…

이 신축 아파트는 어때?

이건?

안돼

No!

별로네…

좋은 게 없어요…

월 14만 엔씩 갚는다고 치면…

우리가 돈을 얼마나 빌릴 수 있지?

5,500만 엔이요.

보증금이랑 임대인에 대한 사례비도 무시할 수 없는데, 월세 말고 차라리 매매를 찾는 건 어때요?

도내의 이 지역에서 3LDK (방3+거실+다이닝+키친-역주)면 이 정도는 해.

어디 봐요… 음~ 좋은데 월 18만 엔이 넘네요…

이 집 어때?

14만 엔으로 안 될까?

그러고 보니 얼마 전에 선배가 구축 아파트를 샀댔어요!

그렇네… 구축 아파트는 어때? 몇 집 나왔는데.

뚜르르-

물어 볼게요.

넓은데 계단이 많아서 힘들 것 같고, 도심에서도 멀잖아요. 이걸 살 수 있겠어요!?

3층짜리 단독주택 100m² 3LDK 6,900만 엔 (토지 포함)

에잇!! 그럼 이건 어때!!

두둥!

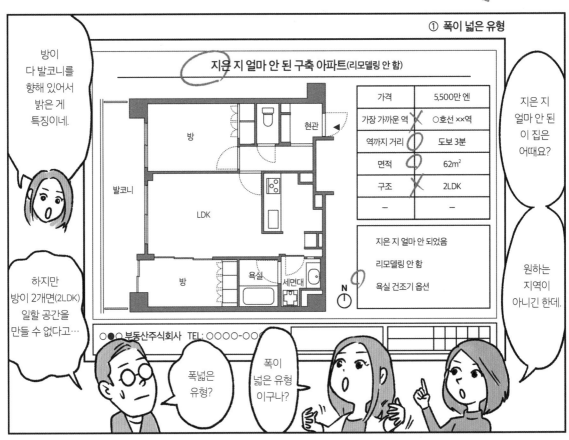

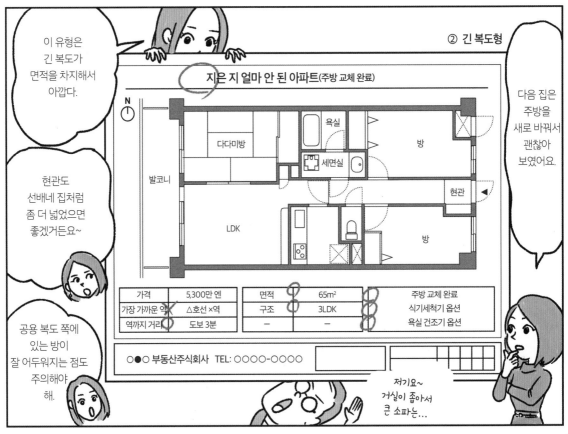

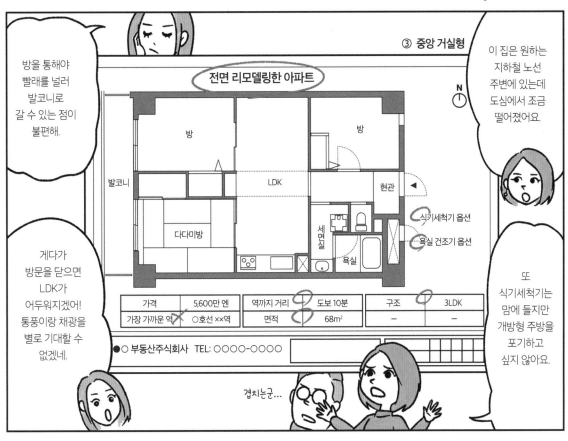

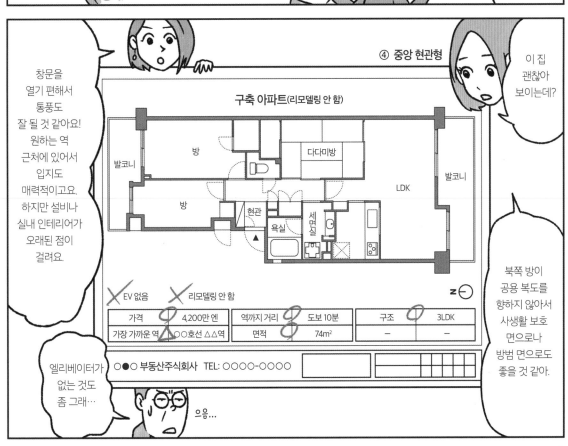

선배!
슬슬 다른 방도
보여 주세요!

오랜 시간을 보내는
우리 집이니까
자신한테 맞는 게 중요해.
보이지 않는 부분의 배관도
교체할 수 있어서 안심이야.

아아~!

그런
방법이
있었구나!

부모님이
오셨을 때도
편리해
보여요!

먼저 예비실이야.
여긴 나중에
아이 방으로 쓸 예정인데
지금은
재택근무하며
화상 회의할 때
쓰고 있어.

욕실에서
말린 속옷은
탈의실에
수납하고
옷은 그대로
WTC에 넣으니까
편리해.

공기도
통해서
좋네요.

여긴 침실이야.
WTC와의
순환 동선이 편리해
현관에서
신발을 벗고
난 후부터 옷을
갈아입을 때까지의
흐름이 순조롭지.

위이이잉

멋지다!

참고로
주방 벽면 수납에
로봇청소기를
보관하는 장소가 있어.
눈에 띄지 않아서
좋지?

개방형
주방이니까
요리하면서
아이를
지켜볼 수
있겠네요.

재택근무는
거실 책상에서도
할 수 있어.
이곳에서
아이 숙제도
시키려고 해.

리모델링을 하면 구축 아파트라도 두 사람의 생활방식에 맞춘 구조를 만들 수 있습니다. 원하는 집을 포기할 필요는 없어요.

술~ 술~

살 집을 찾을 때 미리 준비된 구조에 맞춘 생활을 상상하기는 쉽습니다. 그러나 자신이 원하는 생활에서 본 시점이 빠지는 건 매우 아까운 일이에요.

스윽~

여기 살고 싶다~

이거 좋다

누구?!

남편이에요.

예?

깜짝!

어머?

저 사람이 남편이구나...

수고 했어요. 잘 자요~

그럼 놀다 가세요 ......

출장을 다녀와서 피곤하거든요.

스윽~

고맙 습니다 ......

아... 깜짝 놀랐네...

조언 고맙습니다 ......

안녕히 계세요~

그렇게 정해졌으니 당장 돌아가서 다시 생각해야지!

아잣!

가잣!

선배! 저 할래요! 반드시 이상적인 구조를 만들어서 선배와 로봇…이 아니라 남편분을 우리 집에 초대할게요!

그래서 리모델링으로 생활에 맞춰 구조를 바꾸는 방법을 추천할게.

차 례

제 1 장　집안일이 즐거운 리모델링

제 2 장　수납에 중점을 둔 리모델링

육아와 반려동물을 위한 리모델링

취미를 위한 리모델링

제 5 장 손님 초대를 위한 리모델링

제 6 장 재택근무을 위한 리모델링

제 7 장   통풍과 채광을 위한 리모델링

범례

L	거실(living)	WTC	워크스루클로젯(Walk Through Closet)	PS	배관 설비 공간(pipe space)
D	다이닝(dining)	SIC	슈즈인클로젯(Shoes in Closet)	MB	계량기 박스(meter box)
K	주방(kitchen)	——→	동선. 이동할 수 있는 경로	EV	엘리베이터
WIC	워크인클로젯(Walk in Closet)	·····●	물건이나 반려동물의 경로	RC	철근 콘크리트
				SRC	철골·철근 콘크리트

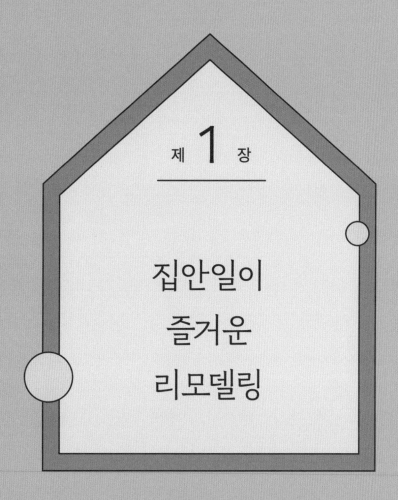

제 **1** 장

집안일이
즐거운
리모델링

정돈된 집의 비결은
8자 동선에 있다

면적
68m²

계절 외 가전이나 침구는 침실 바닥에 수납. 바닥 면적을 압박하지 않는 입체적인 공간 이용.

옷과 액세서리가 많은 아내에게 수납공간이 부족했던 이전 집은 정리하기 힘들어서 청소 담당인 남편도 불만을 느꼈다고 한다. 이를 해결하기 위해서 8자 순환 동선을 만들었다. 집에 돌아오면 SIC의 옷걸이에 겉옷을 걸고 바로 연결된 WTC에서 옷을 갈아입은 후 벗은 옷은 그대로 탈의실 세탁 바구니에 넣는다. 그리고 중앙 통로의 세면대에서 가글 및 손을 씻은 후 LDK로 간다. 귀가 후의 이러한 루틴을 원활하게 할 수 있는 동선 계획이다. 탈의실 및 WTC가 주방과 이어진 점도 포인트라서 요리하며 빨래하거나 옷을 수납하기에도 편하다. 집이 정돈되며 생활에 여유가 생겨서 부부가 함께 직접 만든 가구와 잡화를 장식하며 즐기고 있다.

Data

건축 연식	전유 면적	구조	공사기간	가족 구성
19년	68.36m²	RC 구조	2개월	부부＋고양이

리모델링 동기와 집을 선택한 결정적인 이유

가진 돈에 딱 맞는 예산으로 내 집 마련
10년 후의 집세를 계산해본 것을 계기로 '월세는 아깝다'며 내 집 구입을 고려한 M 씨 부부. 구축 아파트 리모델링을 원하는 아내와 신축 주택을 원하는 남편은 각각 드는 비용과 한 층에서 얻을 수 있는 넓이, 자유로운 구조 배치를 비교 검토했다. 그 결과 '딱 맞는 예산으로는 구축 아파트 리모델링 쪽이 우리가 원하는 생활을 할 수 있다'라는 결론에 이르렀다.

수납량을 확보할 수 있는 넓이를 중시
수납량을 충분히 확보할 수 있을 만한 면적과 가격의 균형이 선택을 결정했다. 자산성과 관리 체제가 좋은 점도 매력적이었다.

제1장 집안일이 즐거운 리모델링

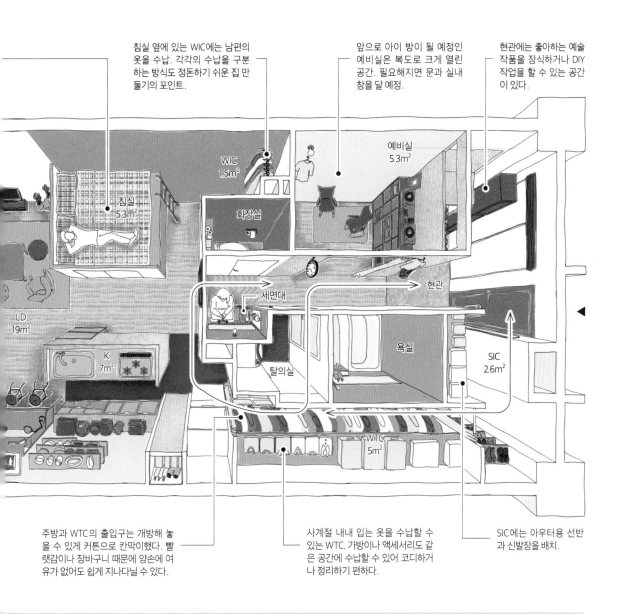

침실 옆에 있는 WIC에는 남편의 옷을 수납. 각각의 수납을 구분하는 방식도 정돈하기 쉬운 집 만들기의 포인트.

앞으로 아이 방이 될 예정인 예비실은 복도로 크게 열린 공간. 필요해지면 문과 실내창을 달 예정.

현관에는 좋아하는 예술 작품을 장식하거나 DIY 작업을 할 수 있는 공간이 있다.

WIC
1.5m²

예비실
5.3m²

침실
5.3m²

화장실

LD
19m²

세면대

현관

K
7m²

욕실

SIC
2.6m²

탈의실

WTC
5m²

주방과 WTC의 출입구는 개방해 놓을 수 있게 커튼으로 칸막이했다. 빨랫감이나 장바구니 때문에 양손에 여유가 없어도 쉽게 지나다닐 수 있다.

사계절 내내 입는 옷을 수납할 수 있는 WTC. 가방이나 액세서리도 같은 공간에 수납할 수 있어 코디하거나 정리하기 편하다.

SIC에는 아우터용 선반과 신발장을 배치.

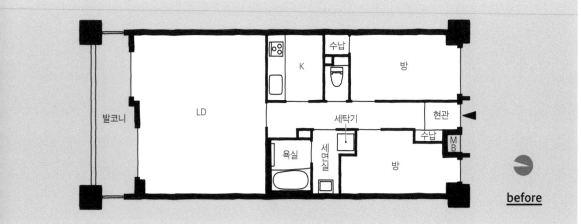

발코니

LD

K

수납

방

세탁기

현관

욕실

세면실

수납

방

M B

before

요리가 즐거워지는
중앙의 주방

면적
39 m²

K 씨는 약 40m²의 새집에 독립적인 침실과 취미인 요리를 즐길 수 있는 주방을 원했다. 현관에서 WTC를 지나 들어가는 침실은 주방과도 직접 연결되어 있다. 현관, WTC, 침실, 주방을 작게 순환할 수 있는 동선은 옷을 갈아입은 후 주방으로 가거나 장을 봐온 식재료를 냉장고에 넣은 후 옷을 갈아입기에도 편리하다. 현관 → 침실 → 거실의 동선으로 생활 속에서 기분전환을 할 수 있고 주거에도 깊이가 생겼다. 아담한 카운터 주방은 평소에 식사를 하거나 손님과 대화를 즐기며 요리하기에도 딱 적당한 크기다. 발코니에서 커피를 마시며 일광욕을 즐긴다는 K 씨는 공간을 구석구석 다 사용하고 있다.

Data

건축 연식	전유 면적	구조	공사기간	가족 구성
43년	39.35m²	RC 구조	2.5개월	독신

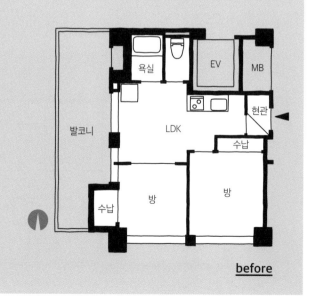

리모델링 동기와 집을 선택한 결정적인 이유

만족스러운 주방을 갖고 싶다
혼자 사는 K 씨는 집세가 아깝다는 점과 독신자용 임대아파트의 좁은 주방에 스트레스를 느낀 걸 계기로 주택 구입을 고려했다. 획일적인 구조의 신축 아파트나 수리를 한 집보다 구조와 실내 인테리어를 자신이 원하는 사양으로 맞출 수 있는 구축 아파트 리모델링을 선택했다.

도로보다 단차가 더 높은 1층집
원래 살았던 동네의 주변 지역에서 집을 알아보다가 이 아파트를 찾았다. 간선도로 옆에 있는 1층이었는데, 현지를 살펴보면 집이 도로보다 더 높은 위치에 있어서 밝고 통행인의 시선도 신경 쓰이지 않아서 구입을 결정했다.

before

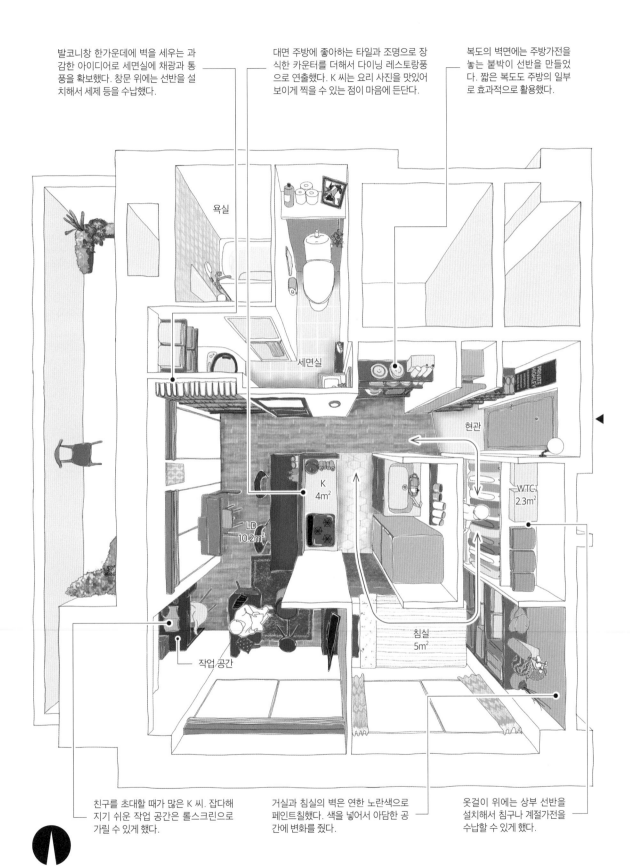

발코니창 한가운데에 벽을 세우는 과
감한 아이디어로 세면실에 채광과 통
풍을 확보했다. 창문 위에는 선반을 설
치해서 세제 등을 수납했다.

대면 주방에 좋아하는 타일과 조명으로 장
식한 카운터를 더해서 다이닝 레스토랑풍
으로 연출했다. K 씨는 요리 사진을 맛있어
보이게 찍을 수 있는 점이 마음에 든단다.

복도의 벽면에는 주방가전을
놓는 붙박이 선반을 만들었
다. 짧은 복도도 주방의 일부
로 효과적으로 활용했다.

욕실

세면실

현관

K
4m²

LD
10.2m²

W.T.C.
2.3m²

침실
5m²

작업 공간

친구를 초대할 때가 많은 K 씨. 잡다해
지기 쉬운 작업 공간은 롤스크린으로
가릴 수 있게 했다.

거실과 침실의 벽은 연한 노란색으로
페인트칠했다. 색을 넣어서 아담한 공
간에 변화를 줬다.

옷걸이 위에는 상부 선반을
설치해서 침구나 계절가전을
수납할 수 있게 했다.

23

빨래하거나
짐을 풀기에도
편리한 런드리 홀

세탁기와 세면대를 탈의실에서 빼내어 현관홀에 배치한 I 씨의 집. 세면대 안쪽은 WTC이며 한쪽 구석에는 다림질용 카운터도 있다. 런드리 홀은 출장이 잦은 남편의 '집에 돌아오자마자 가방을 펼칠 수 있는 장소가 필요하다'라는 주문에 따라 탄생했다. 짐을 풀거나 꾸리기도 쉽고 업무에 사용하는 도구는 바로 옆에 있는 서재에서 꺼내 넣을 수 있다. 세탁 건조기를 사용하기 때문에 빨래부터 옷을 수납하기까지의 동선도 짧다. 빨래와 수납을 한곳으로 모아서 마음껏 쉴 수 있는 침실과 아일랜드 주방이 두드러지는 아름다운 LDK를 만들어냈다. 회사일, 집안일과 편히 쉴 공간을 명확하게 구분해서 스트레스 없는 생활을 추구했다.

침실과 화장실, 서재의 벽에는 아내가 고른 수입벽지를 발라서 공간에 강조 효과를 줬다.

Data

건축 연식	전유 면적	구조	공사기간	가족 구성
40년	65.55m²	SRC 구조	2개월	부부

리모델링 동기와 집을 선택한 결정적인 이유

자신들이 원하는 입지와 구조에서 살고 싶다
'나이로 봤을 때 대출을 받는다면 지금'이라는 생각을 계기로 주택을 구입했다는 I 씨 부부. 남편은 출장이 잦아서 입지가 교외가 될 단독주택은 선택지에서 제외했다. 그때 TV 프로그램을 통해 리모델링에 대해 알게 됐고 '우리 생활에 맞는 집을 만드는 게 즐겁겠다'며 구축 아파트 리모델링을 선택했다.

출장에 편리한 입지
입지를 최우선적으로 고려해서 선택한 집은 가장 가까운 역에서 신칸센(고속철)이 정차하는 역으로 가기 편하고 아내의 근무지도 도보권 안에 있는 도심부의 아파트였다. 물을 사용하는 공간이 한 군데에 모여 있고 집안에 부수지 못하는 구조벽이 없는 등 구조를 쉽게 변경할 수 있는 집이었다.

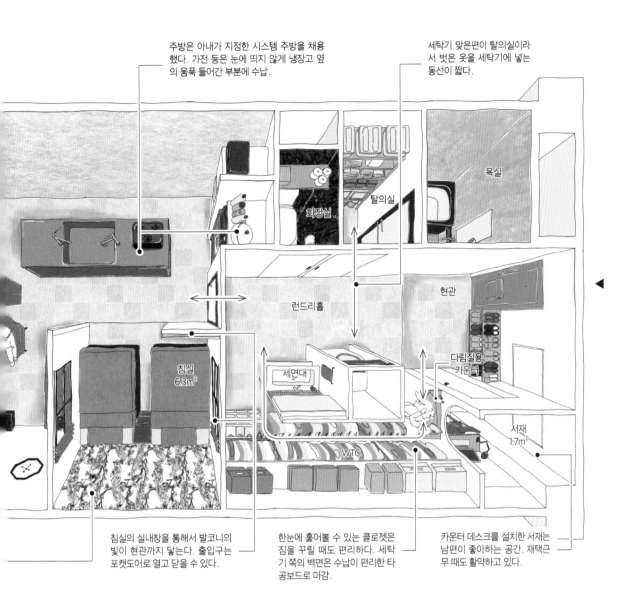

주방은 아내가 지정한 시스템 주방을 채용
했다. 가전 등은 눈에 띄지 않게 냉장고 옆
의 움푹 들어간 부분에 수납.

세탁기 맞은편이 탈의실이라
서 벗은 옷을 세탁기에 넣는
동선이 짧다.

욕실

탈의실

화장실

현관

런드리홀

다림질용
카운터

침실
6.3m²

세면대

서재
1.7m²

WTC

침실의 실내창을 통해서 발코니의
빛이 현관까지 닿는다. 출입구는
포켓도어로 열고 닫을 수 있다.

한눈에 훑어볼 수 있는 클로젯은
짐을 꾸릴 때도 편리하다. 세탁
기 쪽의 벽면은 수납이 편리한 타
공보드로 마감.

카운터 데스크를 설치한 서재는
남편이 좋아하는 공간. 재택근
무 때도 활약하고 있다.

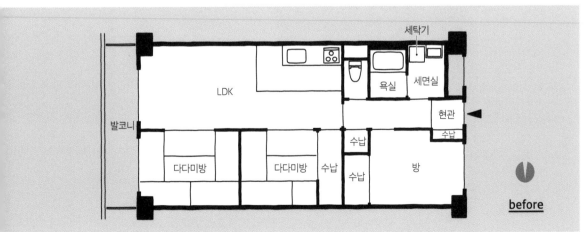

세탁기

LDK

욕실

세면실

현관

수납

발코니

다다미방

다다미방

수납

수납

수납

방

before

순환 동선으로
생활이 저절로 정돈되는 집

면적
46m²

I 씨는 집안일로 느끼는 스트레스를 줄이는 것을 중시하며 구조를 생각했다. 포인트는 현관, LDK, 침실, WTC가 하나로 이어진 순환 동선이다. 침실과 세면실의 동선 위에 배치한 WTC는 아침에 몸단장하기에 편리한 데다 현관과 바로 연결되어 있어서 집에 돌아왔을 때도 즉시 겉옷과 가방을 정리할 수 있다. WTC의 세면실 쪽 벽면은 옷을 걸어서 수납할 수 있는 공간을 만들어 실용성을 중시하면서도 정돈된 인상을 연출한다. 대면 카운터를 설치한 아일랜드 주방도 I 씨가 좋아하는 부분이다. 전에 살던 집에 비해 직접 밥을 하는 일이 늘었고 손님을 초대해서 함께 요리할 기회가 많아졌다고 한다. 결혼해서 둘이 살아도 쾌적한 생활을 즐길 수 있을 듯한 여유와 아이디어가 가득한 구조다.

Data

건축 연식	전유 면적	구조	공사기간	가족 구성
42년	45.5m²	RC 구조	2개월	독신

리모델링 동기와 집을 선택한 결정적인 이유

승진을 계기로 주택 구입
혼자 사는 I 씨가 주택 구입을 결심한 계기는 근무지에서의 승진이었다. 상상하던 이상적인 구조와 실내 인테리어를 현명하게 실현하는 방법으로 구축 아파트 리모델링을 선택했다.

순환 동선을 만들기 쉬운 구조
이상적인 구조를 상상하며 집을 찾아 나선 I 씨. 현관이 집 중앙 부근에 있고 각 거실을 순환하는 동선을 만들기 쉬운 구조를 선택했다. 공용 복도를 향한 창문이 없어서 사생활을 보호하기 쉬운 점도 마음에 들었다.

before

욕실

방

세면실

세탁기

현관

수납 | 수납 | 수납

DK

L

발코니

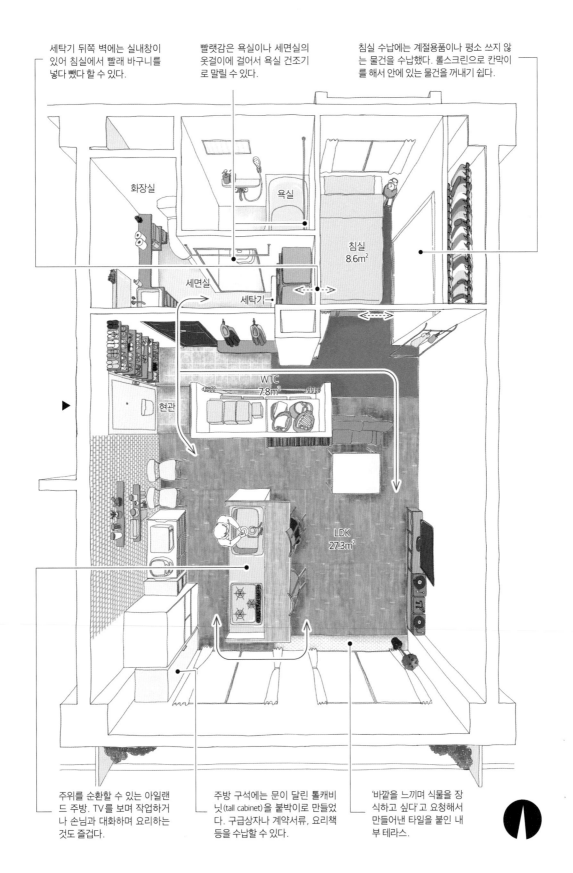

세탁기 뒤쪽 벽에는 실내창이 있어 침실에서 빨래 바구니를 넣다 뺐다 할 수 있다.

빨랫감은 욕실이나 세면실의 옷걸이에 걸어서 욕실 건조기로 말릴 수 있다.

침실 수납에는 계절용품이나 평소 쓰지 않는 물건을 수납했다. 롤스크린으로 칸막이를 해서 안에 있는 물건을 꺼내기 쉽다.

화장실

욕실

침실
8.6m²

세면실

세탁기

현관

WTC
7.8m²

LDK
27.3m²

주위를 순환할 수 있는 아일랜드 주방. TV를 보며 작업하거나 손님과 대화하며 요리하는 것도 즐겁다.

주방 구석에는 문이 달린 톨캐비닛(tall cabinet)을 붙박이로 만들었다. 구급상자나 계약서류, 요리책 등을 수납할 수 있다.

'바깥을 느끼며 식물을 장식하고 싶다'고 요청해서 만들어낸 타일을 붙인 내부 테라스.

맞벌이 부부의
일상을 돕는
세탁실 일체형 WTC

면적
82m²

거실에서 부부가 함께 재택근무를 하는 S 씨 부부. 세탁실과 일체화한 탈의실 겸 WTC가 일과 집안일의 공존을 돕는다. 빨래를 욕실 건조기와 세탁 건조기로 말리고 나면 그 상태로 클로젯에 수납할 수 있기 때문에 세탁, 건조, 수납이 한 방에서 완결된다. 맞벌이를 해서 빨래를 밖에 말리기 어려운 탓에 창가에 실내 건조 공간도 마련했다. WTC는 현관의 SIC와도 이어져 있어서 외출할 때나 귀가 했을 때의 동선이 원활하다. 한편 LDK는 말끔하고 널찍한 공간으로 완성했다. 냉장고와 주방가전은 눈에 띄지 않게 배치했으며 주방 작업대는 가구와 같은 디자인으로 만들었다. 여가 시간에는 LDK에서 가족이 함께 편히 쉴 수 있다.

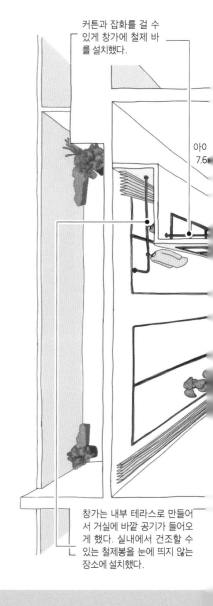

커튼과 잡화를 걸 수 있게 창가에 철제 바를 설치했다.

아○
7.6

창가는 내부 테라스로 만들어서 거실에 바깥 공기가 들어오게 했다. 실내에서 건조할 수 있는 철제봉을 눈에 띄지 않는 장소에 설치했다.

Data

건축 연식	전유 면적	구조	공사기간	가족 구성
21년	82.0m²	RC 구조	2.5개월	부부 + 자녀(1명)

리모델링 동기와 집을 선택한 결정적인 이유

정든 아파트에 나온 매물을 구입
S 씨 가족은 원래 세 들어 살던 아파트의 환경과 커뮤니티가 마음에 들었다. 그래서 같은 아파트 안에서 매물로 나온 집 들을 검토했다. 집 몇 군데를 실제로 보러 가서 조사한 결과 맨 끝의 넓은 집을 구입했다.

자신들의 의향을 반영한 세탁 동선과 좋아하는 인테리어
구입한 집은 82m²의 4LDK. 널찍한 거실, 효율적인 세탁 동선, 사용하기 편리한 수납을 바라며 리모델링을 진행했다. 회 색과 검은색을 바탕으로 한 자신들이 좋아하는 인테리어 공간으로 만드는 것도 리모델링으로 실현하고 싶은 일 중 하나 였다.

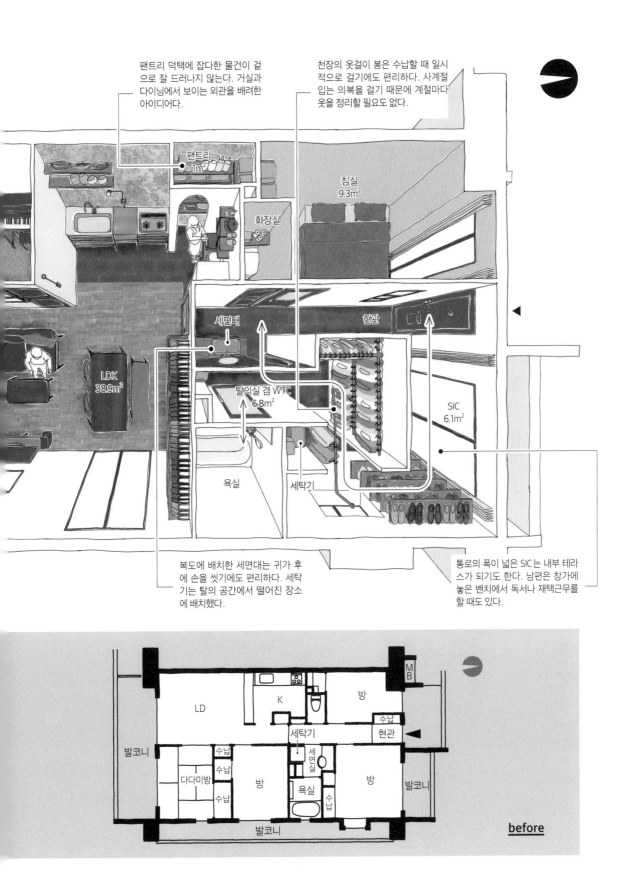

팬트리 덕택에 잡다한 물건이 겉
으로 잘 드러나지 않는다. 거실과
다이닝에서 보이는 외관을 배려한
아이디어다.

천장의 옷걸이 봉은 수납할 때 일시
적으로 걸기에도 편리하다. 사계절
입는 의복을 걸기 때문에 계절마다
옷을 정리할 필요도 없다.

팬트리
1m²

침실
9.3m²

화장실

세면대

LDK
38.9m²

현관

탈의실 겸 WIC
6.8m²

SIC
6.1m²

욕실

세탁기

복도에 배치한 세면대는 귀가 후
에 손을 씻기에도 편리하다. 세탁
기는 탈의 공간에서 떨어진 장소
에 배치했다.

통로의 폭이 넓은 SIC는 내부 테라
스가 되기도 한다. 남편은 창가에
놓은 벤치에서 독서나 재택근무를
할 때도 있다.

LD

K

방

MB

수납

세탁기

현관

발코니

다다미방

수납

수납

수납

방

세면실

욕실

수납

방

발코니

발코니

before

29

집안일과 육아가
편해지는
아이디어가 가득한 집

면적
68m²

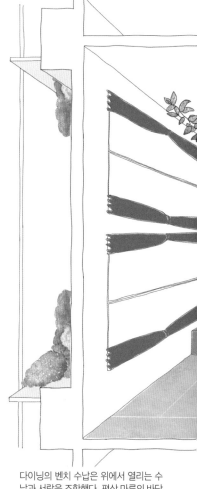

어린아이가 있는 S 씨 가족의 집에는 물건을 정리하고 집안일을 효율화하는 아이디어가 곳곳에 담겨 있다. 넓은 현관은 손에 짐을 잔뜩 들고 귀가해도 쾌적하며 유모차와 아이의 실외 놀이용품을 SIC에 그대로 넣을 수 있다. 옷을 더럽혀서 귀가해도 현관에서 SIC를 통해 가사실로 곧장 갈 수 있는 동선 덕택에 집안을 더럽히지 않고 옷과 몸을 씻을 수 있다. 실내창으로 둘러싸인 주방은 요리에 집중하며 거실에서 노는 아이도 틈틈히 확인할 수 있다. 거실의 평상 마루는 장난감을 넣을 수 있는 바닥 수납, 작업 공간, 실내 건조용 옷걸이 봉에 로봇청소기 보관 장소까지 갖춘 다기능 공간이다. 자녀와의 시간을 소중히 생각하며 집안일을 편히 할 수 있는 주택이다.

다이닝의 벤치 수납은 위에서 열리는 수납과 서랍을 조합했다. 평상 마루의 바닥 수납과 마찬가지로 아이의 장난감이나 일용품을 수납한다.

Data

건축 연식	전유 면적	구조	공사기간	가족 구성
35년	67.72m²	SRC 구조	2.5개월	부부+자녀(1명)

리모델링 동기와 집을 선택한 결정적인 이유

좋아하는 인스타그래머가 기획한 이벤트에 응모
S 씨 부부는 육아와 살림 정보를 알려주는 인기 인스타그래머가 기획한 리모델링 이벤트에 응모했다. 전부터 해당 인스타그래머의 생활을 동경한 아내는 기획 이벤트에 응모하자마자, 출퇴근이 편리하고 아이의 어린이집과도 가까운 건축 연식 35년의 아파트를 발견했고, 멋지게 따냈다.

개인적인 공간과 공유하는 공간을 분류하기 쉽다
S 씨 부부는 집 중앙에 물 쓰는 공간이 있는 매물을 구입했다. 침실이나 수납과 같은 기능적인 공간과 가족이 쉬는 공간을 나누기 쉬운 구조였다.

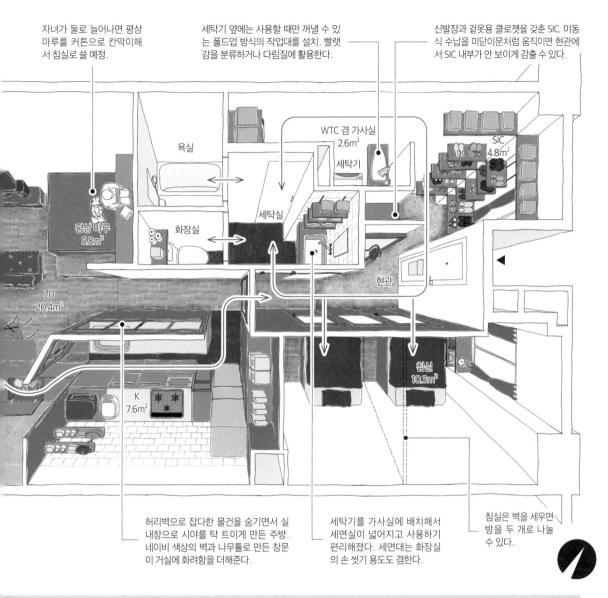

자녀가 둘로 늘어나면 평상 마루를 커튼으로 칸막이해서 침실로 쓸 예정.

세탁기 옆에는 사용할 때만 꺼낼 수 있는 폴드업 방식의 작업대를 설치. 빨랫감을 분류하거나 다림질에 활용한다.

신발장과 겉옷용 클로젯을 갖춘 SIC. 이동식 수납을 미닫이문처럼 움직이면 현관에서 SIC 내부가 안 보이게 감출 수 있다.

욕실

WTC 겸 가사실
2.6m²

세탁기

SIC
4.8m²

평상 마루
5.8m²

화장실

세탁실

현관

LD
20.4m²

침실
10.3m²

K
7.6m²

허리벽으로 잡다한 물건을 숨기면서 실내창으로 시야를 탁 트이게 만든 주방. 네이비 색상의 벽과 나무틀로 만든 창문이 거실에 화려함을 더해준다.

세탁기를 가사실에 배치해서 세면실이 넓어지고 사용하기 편리해졌다. 세면대는 화장실의 손 씻기 용도도 겸한다.

침실은 벽을 세우면 방을 두 개로 나눌 수 있다.

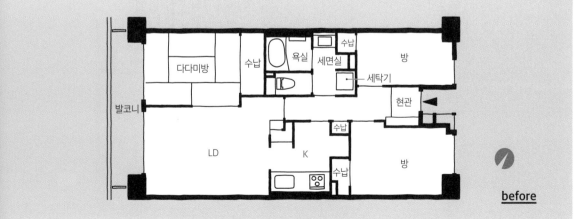

다다미방

수납

욕실

세면실

수납

방

발코니

세탁기

현관

LD

K

수납

수납

방

before

완만하게 이어지는
순환형 원룸

면적
60m²

혼자 사는 M 씨는 '앞으로의 생활 변화에 대응하기 쉽고 전체가 완만하게 이어진 집'을 원했다. 그래서 위생 공간을 하나로 모은 곳을 중심으로 주위를 순환할 수 있는 원룸 공간을 완성했다. 순환할 수 있는 원룸은 하나로 이어진 공간이면서도 적당히 둘러싸인 안도감을 느낄 수 있다. 게다가 가구를 장식할 수 있는 벽면이 늘어나는 점도 마음에 든다. 또한 창호가 없는 공간으로 만들어서 로봇청소기가 집안을 돌아다니기 쉬워졌다. 재택근무로 집에 있는 시간이 늘어났다는 M 씨. 청결을 유지하기 쉬운 생활로 일에 집중할 수 있고 취미인 요가를 즐기는 시간에도 여유가 생겼다고 한다. 일과 생활이 확실히 분리되어 기분 좋은 생활을 보낼 수 있다.

Data

건축 연식	전유 면적	구조	공사기간	가족 구성
20년	60.22m²	SRC 구조	2개월	독신

리모델링 동기와 집을 선택한 결정적인 이유

입지와 예산, 면적, 구조도 이해해야 한다
M 씨는 처음에 신축 아파트 구입을 검토했다고 한다. 그러나 희망하는 지역과 예산으로는 면적과 구조가 만족스러운 매물을 찾지 못해서 구축 아파트 리모델링으로 변경했다.

다양한 가능성을 고려한 매물 선정
본가에 다니기 편한 거리와 노선의 편리성을 중시해서 지역을 한정한 M 씨. 나중에 임대로 내놓을 가능성과 자신이 오래 살 가능성을 모두 생각해서 매물의 관리 상황, 임대로 내놓았을 때의 시장 임대료, 병원 등과 같은 생활시설과의 거리를 고려하여 매물을 선택했다.

before

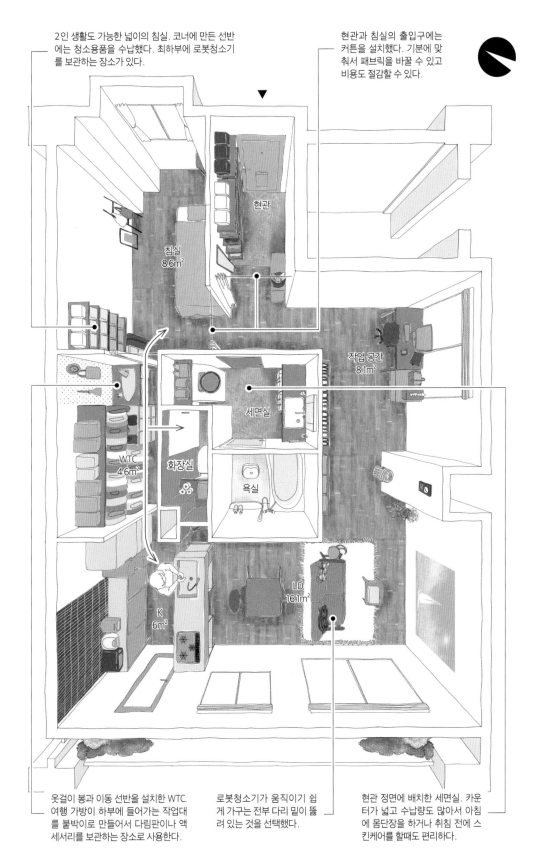

2인 생활도 가능한 넓이의 침실. 코너에 만든 선반에는 청소용품을 수납했다. 최하부에 로봇청소기를 보관하는 장소가 있다.

현관과 침실의 출입구에는 커튼을 설치했다. 기분에 맞춰서 패브릭을 바꿀 수 있고 비용도 절감할 수 있다.

현관

침실
8.6m²

작업 공간
8.1m²

세면실

W.T.C
4.6m²

화장실

욕실

LD
16.1m²

K
6m²

옷걸이 봉과 이동 선반을 설치한 W.T.C. 여행 가방이 하부에 들어가는 작업대를 붙박이로 만들어서 다림판이나 액세서리를 보관하는 장소로 사용한다.

로봇청소기가 움직이기 쉽게 가구는 전부 다리 밑이 뚫려 있는 것을 선택했다.

현관 정면에 배치한 세면실. 카운터가 넓고 수납량도 많아서 아침에 몸단장을 하거나 취침 전에 스킨케어를 할때도 편리하다.

이어지는 동선으로
집안일을
스마트하게 즐긴다

면적
64m²

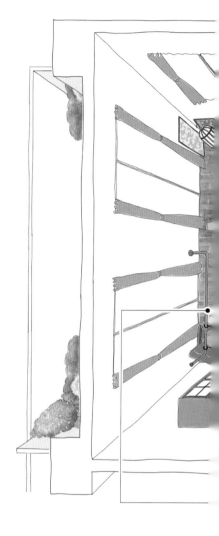

거실과 작업 공간의 칸막이
벽에는 실내창을 달았다.

K 씨의 집은 중심에 복도가 있는 2LDK(방이 2개)+WTC으로 언뜻 보면 전통적인 구조다. 하지만 사실은 집안일을 스마트하게 처리할 수 있는 장치가 가득하다. 주방과 세면실이 이어진 동선은 빨래하며 요리하기에 편리한 데다, 세탁이 끝난 옷은 주방을 지나서 창가로 말리러 갈 수 있다. 방으로도 사용할 수 있는 넓이의 작업 공간에는 화장과 컴퓨터 작업을 모두 할 수 있는 롱 카운터를 붙박이로 만들었다. 이 방은 WTC를 통해 침실로 이어졌기 때문에 일하러 갈 때도 몸단장을 신속하게 할 수 있다. 침실과 세면실의 출입구가 가깝고 순환 동선으로 되어 있는 점도 포인트다. 나중에 가족 구성이나 방의 용도가 달라져도 대응할 수 있는 움직이기 편한 동선 계획이다.

Data

건축 연식	전유 면적	구조	공사기간	가족 구성
23년	64.0m²	SRC 구조	2개월	독신

리모델링 동기와 집을 선택한 결정적인 이유

선호하는 인테리어와 편한 집안일을 추구
혼자 사는 K 씨는 '자신의 취향에 맞는 공간에서 좋아하는 인테리어에 둘러싸여 생활할 수 있고 집안일도 편히 할 수 있는 집을 바랐다. 입지를 우선적으로 생각해서 검토한 결과, 신축 아파트 중에서는 예산 측면에서도 조건에 맞는 매물을 찾지 못했다. 그래서 구축 아파트 리모델링으로 꿈을 이루기로 했다.

생활 스타일의 변화도 고려해서 매물 선정
앞으로의 생활 변화도 고려해서 둘이어도 충분히 생활할 수 있는 면적인 64m²의 매물을 구입했다. 역에서 가깝고 세 방향으로 창이 나 있어 개방적인 맨 끝의 집이다. 창문에서 전철과 나무들이 보이는 위치도 마음에 들었다.

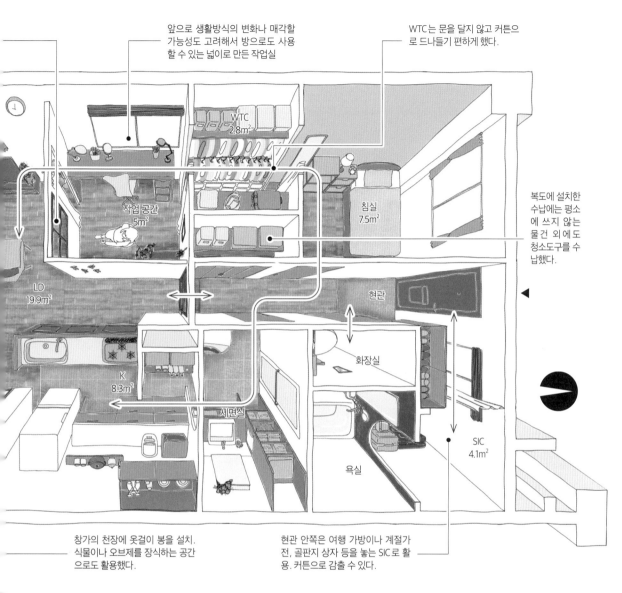

앞으로 생활방식의 변화나 매각할
가능성도 고려해서 방으로도 사용
할 수 있는 넓이로 만든 작업실

WTC는 문을 달지 않고 커튼으
로 드나들기 편하게 했다.

WTC
2.8m²

작업 공간
5m²

침실
7.5m²

복도에 설치한
수납에는 평소
에 쓰지 않는
물건 외에도
청소도구를 수
납했다.

LD
19.9m²

현관

화장실

K
8.3m²

세면실

SIC
4.1m²

욕실

창가의 천장에 옷걸이 봉을 설치.
식물이나 오브제를 장식하는 공간
으로도 활용했다.

현관 안쪽은 여행 가방이나 계절가
전, 골판지 상자 등을 놓는 SIC로 활
용. 커튼으로 감출 수 있다.

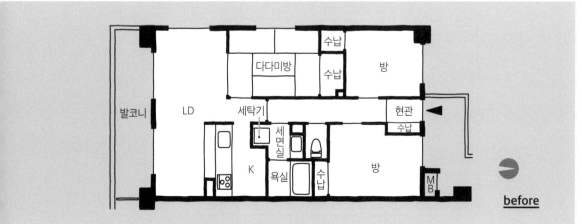

발코니

LD

세탁기

다다미방

수납

수납

방

현관

수납

세면실

K

욕실

수납

방

MB

before

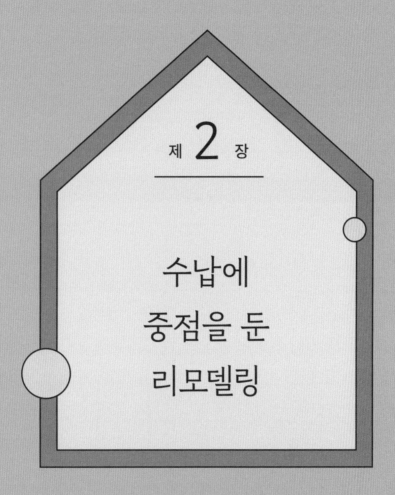

제 2 장

수납에
중점을 둔
리모델링

LDK에 다목적 상자형 클로젯이 있는 생활

면적
89m²

두 딸이 있는 S 씨의 가족은 방 3개를 확보하며 부족한 수납을 해결하기 위해서 LDK에 상자형 WIC를 배치했다. 공간의 중심에 커다란 상자를 놓아서 레코드와 잡지 수납, 가족이 함께 사용할 수 있는 개방적인 세면대, 팬트리 등의 기능을 한곳에 효율 있게 모았다. 상자 주위의 순환 동선으로 공간이 트여서 LDK에 적당한 넓이를 느낄 수도 있었다. 한편 방은 현관을 사이에 둔 북쪽으로 모아서 배치했다. S 씨 부부는 아이들이 잠든 후에 둘이 거실에서 영화를 보거나 느긋하게 독서하는 시간을 좋아한다. 가족이 함께 보내는 시간이나 각자의 생활공간, 취미까지 전부 가득 찬 호화로운 구조다.

Data

건축 연식	전유 면적	구조	공사기간	가족 구성
38년	88.71m²	RC 구조	2개월	부부+자녀(2명)

리모델링 동기와 집을 선택한 결정적인 이유

주문 주택에서 구축 리모델링으로 변경
S 씨 부부는 처음에 신축 주택이나 지은 지 얼마 되지 않은 아파트를 부분 수리하는 방법을 검토했다. 그러나 '금액에 비해 구조나 실내 인테리어에 대한 만족도가 낮은 것 같다'고 느껴서 구축 아파트를 전체 리모델링하는 방법으로 바꿨다.

오랫동안 찾은 리모델링하지 않은 매물
약 1년 6개월을 들여서 겨우 찾은 것은 현관이 집의 중심에 있고 LDK가 남향이며 구석구석 꼼꼼하게 관리한 매물이었다. 집주인이 거주 중이어서 실내 인테리어나 설비가 오래된 상태인 만큼 가격이 시세보다 적당한 점도 구입에 힘을 보탰다.

before

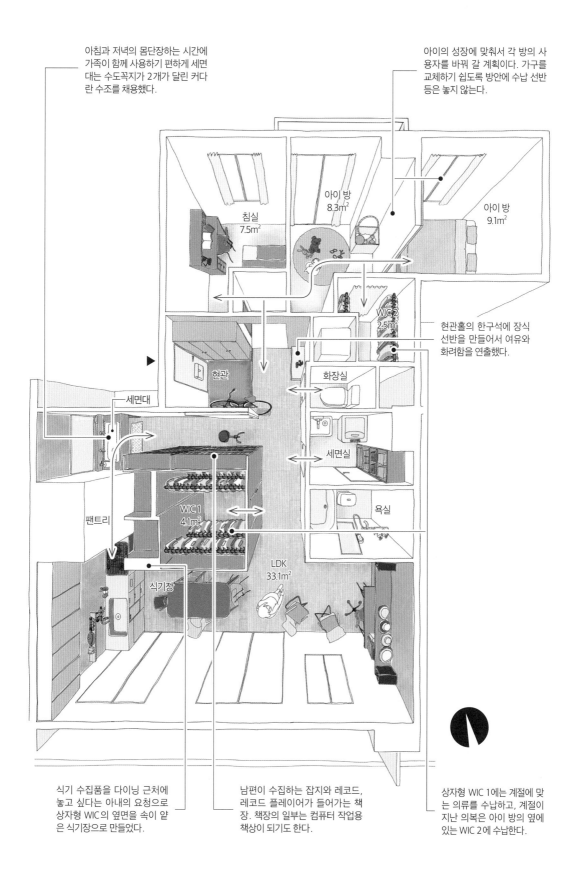

아침과 저녁의 몸단장하는 시간에 가족이 함께 사용하기 편하게 세면대는 수도꼭지가 2개가 달린 커다란 수조를 채용했다.

아이의 성장에 맞춰서 각 방의 사용자를 바꿔 갈 계획이다. 가구를 교체하기 쉽도록 방안에 수납 선반 등은 놓지 않는다.

침실
7.5m²

아이 방
8.3m²

아이 방
9.1m²

WIC 2
2.5m²

현관

세면대

현관홀의 한구석에 장식 선반을 만들어서 여유와 화려함을 연출했다.

화장실

세면실

팬트리

WIC 1
4.1m²

욕실

식기장

LDK
33.1m²

식기 수집품을 다이닝 근처에 놓고 싶다는 아내의 요청으로 상자형 WIC의 옆면을 속이 얕은 식기장으로 만들었다.

남편이 수집하는 잡지와 레코드, 레코드 플레이어가 들어가는 책장. 책장의 일부는 컴퓨터 작업용 책상이 되기도 한다.

상자형 WIC 1에는 계절에 맞는 의류를 수납하고, 계절이 지난 의복은 아이 방의 옆에 있는 WIC 2에 수납한다.

이층 침대가 달린
WIC로 LDK를 넓힌다

면적
45m²

F 씨 부부는 약 45m²의 집을 '마지막 거처'로 리모델링했다. '재봉교실을 열고 싶다', '침실을 이층 침대로 만들고 싶다'는 아내의 요청에 따라 WIC와 이층 침대를 조합하는 아이디어가 탄생했다. 침실과 수납을 방 하나로 모아서 손님을 초대할 수 있는 널찍한 LDK를 실현했다. 다 함께 에워싸서 작업할 수 있는 주방 카운터는 가전을 수납할 수 있어서 공간에 깔끔한 느낌을 준다. 아내는 침실 문을 열면 나타나는 계단과 철제 난간을 좋아한다. 아파트의 평면적인 이미지에 어긋나는 비주얼이 공간의 주요 부분이 되었다. 한정된 공간을 효과적으로 사용해 생활을 완벽하게 즐길 수 있는 집이다.

> **Data**
>
> | 건축 연식 | 전유 면적 | 구조 | 공사기간 | 가족 구성 |
> |---|---|---|---|---|
> | 34년 | 45.0m² | RC 구조 | 2개월 | 부부 |

리모델링 동기와 집을 선택한 결정적인 이유

정든 장소에서 주거지를 새롭게 바꿨다

F 씨 부부는 지은 지 34년 된 매물을 리모델링했다. 원래는 전근지인 도쿄에서 오사카로 돌아왔을 때 머무는 곳으로 사용하던 본인 집이었다. 노후에는 본가의 가족과 친구가 있는 오사카에서 자신들의 꿈을 이룰 수 있는 생활을 하고 싶다며 리모델링을 결심했다.

넓고 멋진 원룸을 만들고 싶다

기존의 구조는 작은 다이닝, 주방을 사이에 두고 방 2개가 있었다. 하지만 부부 둘만이 생활한다면 널찍한 원룸에서 느긋하게 지내는 편이 좋다. 안정적으로 잠잘 수 있는 장소를 확보하며 LDK를 어떻게 넓힐 수 있느냐가 중요 포인트였다.

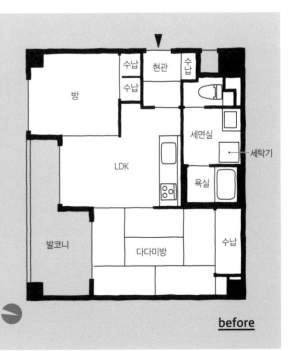

before

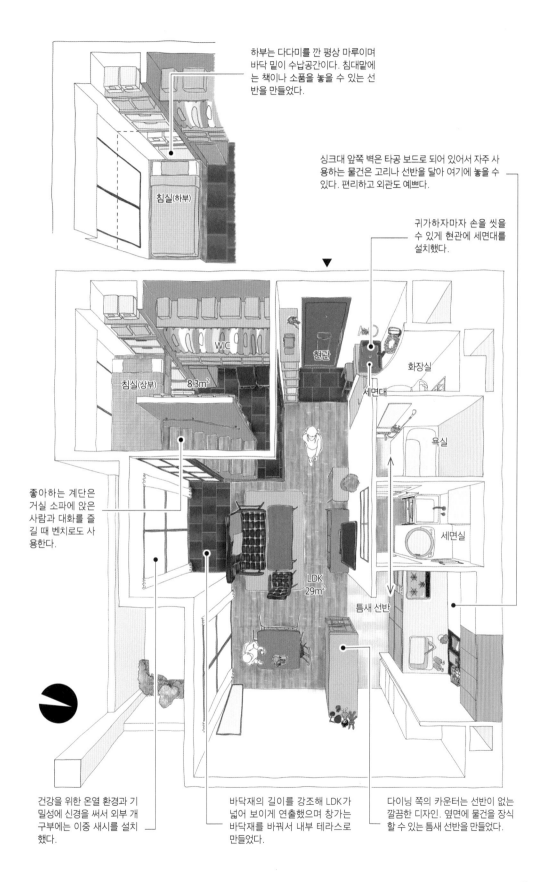

하부는 다다미를 깐 평상 마루이며
바닥 밑이 수납공간이다. 침대맡에
는 책이나 소품을 놓을 수 있는 선
반을 만들었다.

싱크대 앞쪽 벽은 타공 보드로 되어 있어서 자주 사
용하는 물건은 고리나 선반을 달아 여기에 놓을 수
있다. 편리하고 외관도 예쁘다.

귀가하자마자 손을 씻을
수 있게 현관에 세면대를
설치했다.

침실(하부)

WIC

현관

화장실

침실(상부)   8.3m²

세면대

욕실

좋아하는 계단은
거실 소파에 앉은
사람과 대화를 즐
길 때 벤치로도 사
용한다.

세면실

LDK
29m²

틈새 선반

건강을 위한 온열 환경과 기
밀성에 신경을 써서 외부 개
구부에는 이중 새시를 설치
했다.

바닥재의 길이를 강조해 LDK가
넓어 보이게 연출했으며 창가는
바닥재를 바꿔서 내부 테라스로
만들었다.

다이닝 쪽의 카운터는 선반이 없는
깔끔한 디자인. 옆면에 물건을 장식
할 수 있는 틈새 선반을 만들었다.

인테리어와
정리를 잘 조합한 집

면적
76㎡

자유 공간은 자녀가 고향에 왔을 때 사용하는 침실. 보통은 아내가 요가를 하는 장소로 사용한다.

자녀의 자립을 계기로 A 씨 부부는 둘만을 위한 집을 꾸미기 시작했다. 전에 살던 집에서는 장식하지 못한 그릇이나 책을 놓을 수 있는 집이 이상형이었다. 두 사람의 좋아하는 부분은 벽 한 면을 책장으로 만든 서재다. 목조 수직 루버가 적당한 가림막이 되어 거실을 깔끔하게 보여준다. 주방 벽에는 선반을 달아서 그릇이나 책을 장식하는 개방형 수납으로 만들었다. 현관 정면에는 허리 높이의 문을 달아서 캐비닛을 만들고 그 위에 그림과 소품을 장식해서 손님을 대접하는 공간을 연출했다. 한편 생활 동선에 따른 수납 계획도 A 씨 집의 포인트다. 현관 → SIC → 침실 → WTC라는 동선으로 정돈된 생활을 실현했다. '장식'과 '정리'가 적절히 조화를 이룬 기분 좋은 집이다.

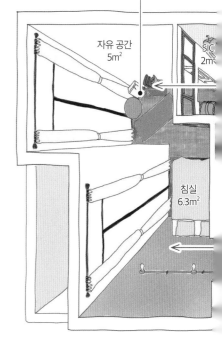

자유 공간
5㎡

SIC
2㎡

침실
6.3㎡

고양이의 탈주 방지를 위해 현관과 복도 사이에는 유리 포켓도어를 설치했다.

Data

건축 연식	전유 면적	구조	공사기간	가족 구성
22년	75.84㎡	RC 구조	2개월	부부+고양이

리모델링 동기와 집을 선택한 결정적인 이유

타협하지 않는 집 꾸미기
A 씨 부부가 구축 아파트 리모델링을 선택한 이유는 '입지와 환경, 주거의 디자인까지 모든 것을 타협하지 않고 선택할 수 있는 점에 마음이 끌렸기' 때문이라고 한다. 염원하던 고양이와의 쾌적한 생활을 실현하는 일도 리모델링을 선택한 커다란 동기 중 하나였다.

자전거로 출퇴근할 수 있는 산책로 주변의 고즈넉한 환경
남쪽 발코니에서 산책로의 나무들이 보이는 점이 마음에 들어서 구입했다. 아내의 직장까지 자전거로 출퇴근할 수 있는지 실제로 달려서 확인한 후에 결정했다. 현관과 주방 사이에 건물을 지탱하는 구조벽이 있어서 그 벽을 중심으로 방과 LDK를 나누는 구조를 생각했다.

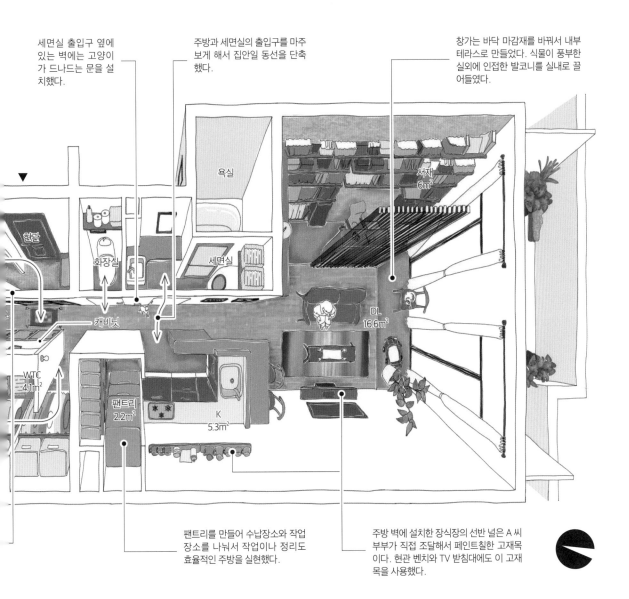

세면실 출입구 옆에 있는 벽에는 고양이가 드나드는 문을 설치했다.

주방과 세면실의 출입구를 마주 보게 해서 집안일 동선을 단축했다.

창가는 바닥 마감재를 바꿔서 내부 테라스로 만들었다. 식물이 풍부한 실외에 인접한 발코니를 실내로 끌어들였다.

현관

화장실

캐비닛

WTC
4.1m²

팬트리
2.2m²

K
5.3m²

욕실

세면실

서재
6m²

DL
16.6m²

팬트리를 만들어 수납장소와 작업 장소를 나눠서 작업이나 정리도 효율적인 주방을 실현했다.

주방 벽에 설치한 장식장의 선반 널은 A 씨 부부가 직접 조달해서 페인트칠한 고재목이다. 현관 벤치와 TV 받침대에도 이 고재목을 사용했다.

방

발코니

방

수납

현관

구조벽

구조벽

수납

K

MB

욕실

세면실

세탁기

수납

수납

다다미방

LD

발코니

before

나만의 개성을
수납에 담은 원룸

면적
36m²

N 씨의 취미인 등산에 필요한 용품과 의류를 잔뜩 수납할 수 있는 WTC로 36m²의 원룸을 완만하게 나눈 집. 수납물을 한눈에 볼 수 있는 WTC는 위생 공간의 동선도 겸해서 몸단장을 순조롭게 할 수 있다. 동선을 길게 잡은 현관 벽은 일부를 타공보드로 마감해서 선반이나 고리를 달아 아우터와 좋아하는 책을 디스플레이해서 즐길 수 있게 했다. 평상 마루로 만든 침상 밑도 수납공간으로 활용했다. 또한 테이블과 TV 받침대를 벽 쪽에 붙박이로 만들어 움직이는 가구가 필요 없어서 운동이나 스트레칭을 할 수 있는 면적이 생겼다. 필요한 것에 어울리는 수납 계획으로 자신만의 생활을 즐길 수 있는 집이다.

Data

건축 연식	전유 면적	구조	공사기간	가족 구성
42년	35.7m²	RC 구조	2개월	독신

리모델링 동기와 집을 선택한 결정적인 이유

월세 생활의 불만을 해소하고 싶다
그전까지 살던 집이 자신의 생활 스타일에 맞지 않아서 불만을 느꼈다는 N 씨. 애착 공간을 만들 수 있다는 점에 마음이 끌려서 구축 아파트 리모델링으로 자신에게 어울리는 집을 꾸미기로 했다.

물을 사용하는 공간의 새 설비는 그대로 이용
이 집은 '욕실, 화장실 따로', '작업 공간이 있는 주방'을 바라며 찾은 매물이다. 수리를 한 집을 구입한 덕에 물을 사용하는 공간의 설비가 새것이었기에 그대로 이용하면 비용을 절감할 수 있었다. 주방, 세면대, 욕실은 기존 그대로 이용하고 변기와 세탁기 팬은 새로운 구조에 맞춰서 배치를 바꿔 재이용했다.

before

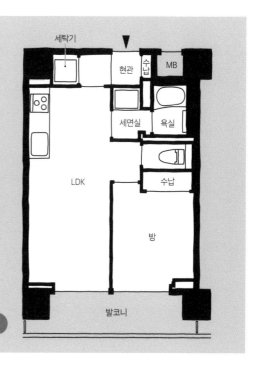

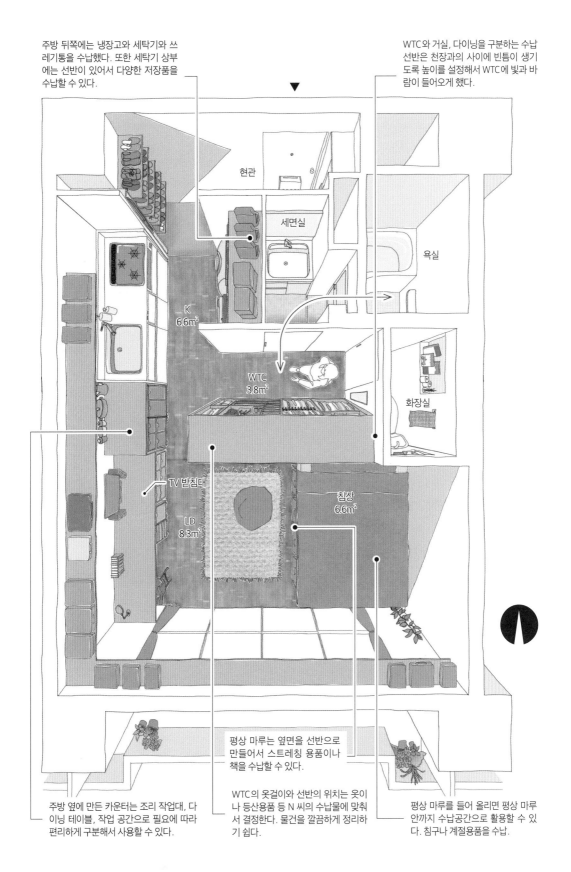

주방 뒤쪽에는 냉장고와 세탁기와 쓰
레기통을 수납했다. 또한 세탁기 상부
에는 선반이 있어서 다양한 저장품을
수납할 수 있다.

WTC와 거실, 다이닝을 구분하는 수납
선반은 천장과의 사이에 빈틈이 생기
도록 높이를 설정해서 WTC에 빛과 바
람이 들어오게 했다.

현관

세면실

욕실

K
6.6m²

WTC
3.8m²

화장실

TV 받침대

침상
6.6m²

LD
8.3m²

평상 마루는 옆면을 선반으로
만들어서 스트레칭 용품이나
책을 수납할 수 있다.

주방 옆에 만든 카운터는 조리 작업대, 다
이닝 테이블, 작업 공간으로 필요에 따라
편리하게 구분해서 사용할 수 있다.

WTC의 옷걸이와 선반의 위치는 옷이
나 등산용품 등 N 씨의 수납물에 맞춰
서 결정한다. 물건을 깔끔하게 정리하
기 쉽다.

평상 마루를 들어 올리면 평상 마루
안까지 수납공간으로 활용할 수 있
다. 침구나 계절용품을 수납.

수납, 모임,
휴식이 가능한
만능 L형 평상 마루

면적
55 m²

실내창을 통해서 발코니의 빛과 바람이 다이닝과 주방으로 들어온다. 침실뿐만 아니라 LDK에도 개방감이 생긴다.

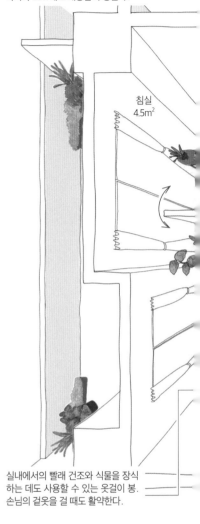

침실
4.5m²

F 씨 가족은 친구들이 모이는 거실을 원했다. 그 꿈을 55m²의 집으로 실현하게 위해서 하부가 수납공간인 L형 평상 마루를 만들었다. 벤치로 쓰거나 드러눕는 등 가족과 손님 모두 편히 쉴 수 있는 장소다. 욕실을 에워싸는 벽에는 책장을 붙박이로 만들어서 F 씨 부부가 좋아하는 책을 인테리어로 삼아 개방형 수납을 연출했다. 널찍한 거실을 위한 아이디어는 방을 만들 때도 발휘되었다. 아이 방과 침실은 작게 만들고 그만큼 온 가족의 옷을 수납할 수 있는 WIC를 만들었다. LDK의 한구석에 있는 작은 침실은 식물을 놓기 위한 내부 테라스와 실내창 덕택에 답답함이 느껴지지 않는다. 한정된 면적에서 수납과 방과 거실도 포기하지 않는 아이디어가 가득 넘치는 구조다.

실내에서의 빨래 건조와 식물을 장식하는 데도 사용할 수 있는 옷걸이 봉. 손님의 겉옷을 걸 때도 활약한다.

`Data`

건축 연식	전유 면적	구조	공사기간	가족 구성
20년	55.28m²	SRC 구조	2개월	부부＋자녀(1명)

리모델링 동기와 집을 선택한 결정적인 이유

오래됐어도 물 쓰는 공간은 새롭게
'반짝반짝 빛나는 신축보다도 멋이 느껴지는 오래된 집을 좋아한다. 하지만 물 쓰는 공간은 새로 바꾸고 싶다'라는 F 씨 부부에게 구축 아파트 리모델링은 꿈을 이루기에 딱 좋은 방법이었다.

리모델링으로 바꿀 수 없는 환경이나 공용 설비를 중시
'출퇴근하기 편한 입지', '안심하고 아이를 키울 수 있는 환경', '자동 잠금장치 등의 공용 설비를 충분히 갖춰놓은 곳' 등을 중시하며 지은 지 20년 된 매물을 선택했다. 약 55m²로 3인 가족이 생활하기에는 조금 작은 집이지만 그 점은 구조를 고안해서 해결할 수 있다.

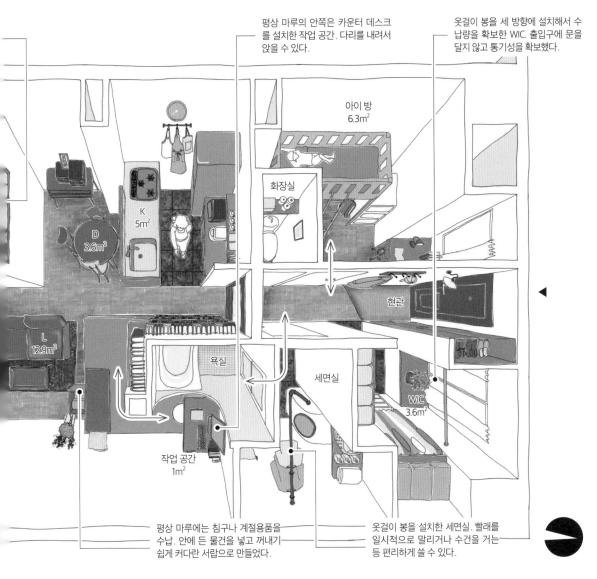

평상 마루의 안쪽은 카운터 데스크를 설치한 작업 공간. 다리를 내려서 앉을 수 있다.

옷걸이 봉을 세 방향에 설치해서 수납량을 확보한 WIC. 출입구에 문을 달지 않고 통기성을 확보했다.

아이 방
6.3m²

화장실

K
5m²

D
3.6m²

현관

L
12.9m²

욕실

세면실

WIC
3.6m²

작업 공간
1m²

평상 마루에는 침구나 계절용품을 수납. 안에 든 물건을 넣고 꺼내기 쉽게 커다란 서랍으로 만들었다.

옷걸이 봉을 설치한 세면실. 빨래를 일시적으로 말리거나 수건을 거는 등 편리하게 쓸 수 있다.

LD

K

수납

방

MB

세탁기

현관

세면실

수납

수납

발코니

방

수납

욕실

방

before

통째로 숨길 수 있는 벽면 수납으로 만드는 심플한 공간

면적
63 m²

누워서 편히 쉴 수 있는 평상 마루는 하부가 수납공간이다. 주방 쪽의 서랍 수납장과 위에서 열고 닫을 수 있는 수납을 조합했다.

기존 새시의 안쪽에 목조 이중창을 설치해서 따뜻함이 느껴지는 인테리어로 하는 동시에 단열성과 방음성도 높였다.

C 씨 부부는 '신혼여행에서 묵은 추억의 호텔과 같은 심플하고 고급스러운 공간'을 집 꾸미기의 주제로 삼았다. 전에 살던 집에서 물건이 정리되지 않아 불만을 느꼈던 점도 있어서 청소 편의성도 중시했다. 그 중점이 된 부분이 주방 뒤쪽에 만든 폭 4.5미터의 벽면 수납이다. 안에는 주방용품과 거실용품, 창가에는 작업 공간도 넣었다. 미닫이문을 닫으면 흰 벽처럼 변신해서 다이닝 테이블과 일체화한 커다란 아일랜드 주방을 돋보이게 한다. 신발이나 스포츠용품은 속이 깊은 SIC에 넣고 옷은 WIC에 정리해서 침실은 잠만 자는 공간으로 만들었다. 깔끔하고 모던한 LDK에서 홈파티를 즐기고 있다.

Data

건축 연식	전유 면적	구조	공사기간	가족 구성
52년	63.0m²	RC 구조	2.5개월	부부

리모델링 동기와 집을 선택한 결정적인 이유

신축 아파트에서 구축 아파트 리모델링으로
이전에 신축 월세 아파트에 살았던 C 씨 부부는 '신축이라고 해서 이상적인 생활을 할 수 있는 것은 아니다'라고 느꼈다. 그래서 자신들이 좋아하는 공간을 만들 수 있는 구축 아파트 리모델링을 선택했다. C씨 부부는 육아 환경도 중시했기 때문에 동네를 자유롭게 선택할 수 있다는 점도 매력적이었다.

관리 상태가 좋은 구축 아파트
역까지의 접근성이 좋고 햇볕이 잘 들며 넓고 전망 좋은 발코니가 마음에 들어서 선택한 매물은 지은 지 52년 된 아파트였다. 공용 부분의 관리 상태가 좋은 점도 선택에 결정적으로 작용했다.

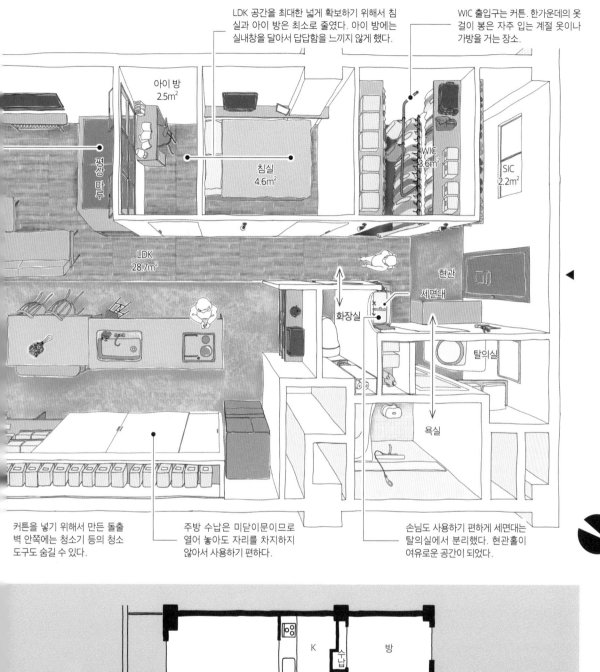

LDK 공간을 최대한 넓게 확보하기 위해서 침실과 아이 방은 최소로 줄였다. 아이 방에는 실내창을 달아서 답답함을 느끼지 않게 했다.

WIC 출입구는 커튼. 한가운데의 옷 걸이 봉은 자주 입는 계절 옷이나 가방을 거는 장소.

아이 방
2.5m²

WIC
3.6m²

SIC
2.2m²

평상 마루

침실
4.6m²

LDK
28.7m²

현관

세면대

화장실

탈의실

욕실

커튼을 넣기 위해서 만든 돌출 벽 안쪽에는 청소기 등의 청소 도구도 숨길 수 있다.

주방 수납은 미닫이문이므로 열어 놓아도 자리를 차지하지 않아서 사용하기 편하다.

손님도 사용하기 편하게 세면대는 탈의실에서 분리했다. 현관홀이 여유로운 공간이 되었다.

발코니

LD

K

수납

방

세탁기

현관

방

PS

세면실

욕실

M B

before

개방형 클로짓과
강의 경치를
바라볼 수 있는 LDK

면적
70 m²

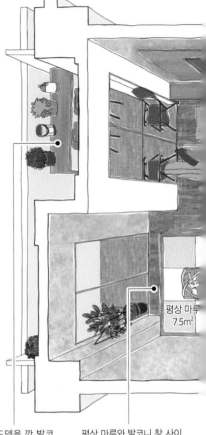

평상 마루에서도 감상할 수 있는 위치에 벽걸이 TV를 배치했다. TV의 배선을 벽 안에 숨겨서 공간이 깔끔해 보인다.

T 씨 집의 현관에 들어서면 인상적인 3연속 아치형 돌출벽으로 칸막이한 WIC와 신발장이 맞이한다. '신발이나 옷을 꾸미듯이 수납하고 싶다'는 아내의 희망으로 만들어낸 매장 느낌의 공간은 옷을 고르거나 정리할 때도 즐겁게 해줄 듯하다. 아치형 돌출벽의 모티프는 T 씨 부부가 좋아하는 교토의 사찰 난젠지에 있는 수로각이다. 현관의 WIC에는 겉옷, 침실 옆의 WIC에는 일상복을 수납하는 등 잘 구분해서 사용한다. 이불이나 계절용품의 수납에는 평상 마루의 바닥 공간을 활용해서 넓은 LDK를 실현했다. 주방에서 창가까지 이어지는 벽 쪽의 긴 카운터가 공간의 깊이를 강조해서, 발코니 바깥의 경치까지 시선이 잘 미치고 개방감을 얻을 수 있다.

평상 마루
7.5m²

우드덱을 깐 발코니는 의자와 테이블을 놓고 실외 거실로 활용했다.

평상 마루와 발코니 창 사이에 다리를 내릴 수 있는 공간을 만들었다. 집안에서 강을 바라볼 수 있는 툇마루와 같은 장소.

Data

건축 연식	전유 면적	구조	공사기간	가족 구성
38년	70.0m²	SRC 구조	2개월	부부

리모델링 동기와 집을 선택한 결정적인 이유

개방적인 구조의 집에서 살고 싶다
T 씨 부부는 가족의 기척을 느낄 수 있는 개방적인 구조의 집을 원했다. 구조를 자유롭게 구축할 수 있다는 점에 마음이 끌려서 리모델링을 선택했다. 확보할 수 있는 공간과 예산의 균형도 매력적이었다.

LDK에서 강을 바라보고 싶다
직장까지의 접근성을 우선적으로 생각한 T 씨 부부는 도심부의 아파트를 선택했다. 자산성도 고려하고 강가의 위치와 조망이 좋아서 지역에서 인기 있는 아파트를 구입했다. 그러나 원래 구조는 경치가 뚫린 강 쪽에 방이 있고, LDK는 공용 복도 쪽을 향했기 때문에 집의 매력을 살리는 계획을 짜야 했다.

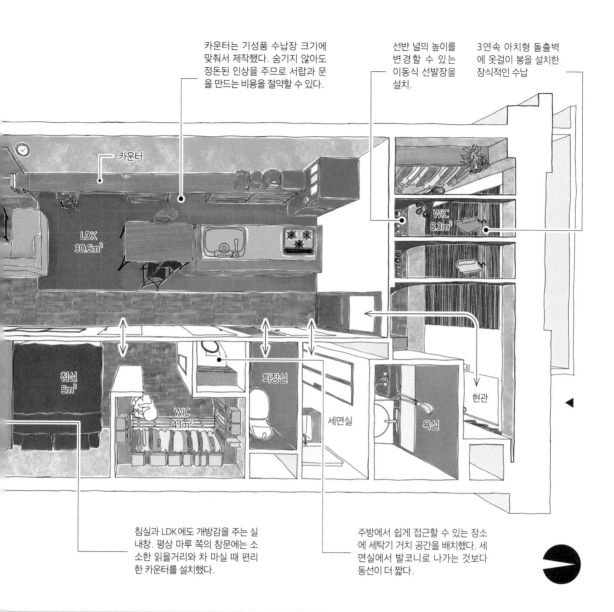

카운터는 기성품 수납장 크기에 맞춰서 제작했다. 숨기지 않아도 정돈된 인상을 주므로 서랍과 문을 만드는 비용을 절약할 수 있다.

선반 널의 높이를 변경할 수 있는 이동식 선발장을 설치.

3연속 아치형 돌출벽에 옷걸이 봉을 설치한 장식적인 수납

카운터

LDK
30.6m²

WIC
8.3m²

침실
5m²

WIC
4.1m²

화장실

세면실

욕실

현관

침실과 LDK에도 개방감을 주는 실내창. 평상 마루 쪽의 창문에는 소소한 읽을거리와 차 마실 때 편리한 카운터를 설치했다.

주방에서 쉽게 접근할 수 있는 장소에 세탁기 거치 공간을 배치했다. 세면실에서 발코니로 나가는 것보다 동선이 더 짧다.

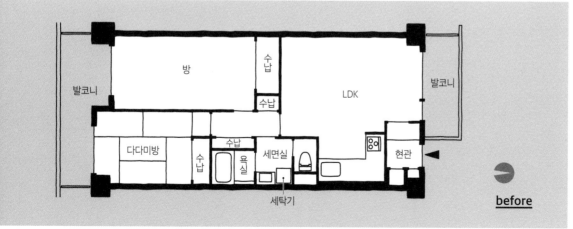

방

수납

수납

LDK

발코니

발코니

다다미방

수납

수납

욕실

세면실

현관

세탁기

before

벽면을 효과적으로
활용한 깔끔 정리
수납 계획

면적
84 m²

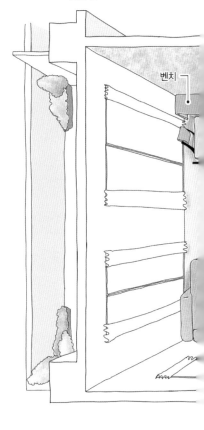

주방 뒤쪽 카운터는 하부에 문과 서랍을 달지 않고 개방했다. 기성품 선반을 활용해 자기 사양에 맞춘 수납을 만들었다.

벤치

주방 뒤쪽의 벽에 세면대, 팬트리, 카운터, 벤치가 쭉 이어진 Y 씨의 집. 집의 긴 방향을 잘 살려서 공간끼리 연결했다. 수납장은 기성품 용기 박스를 서랍 대신 사용해서 심플하게 만들었다. 냉장고와 세탁기도 팬트리에 수납했다. Y 씨 가족이 주제로 삼은 '엄선한 물건으로 둘러싸인 미니멀한 공간'을 군더더기 없는 수납 계획으로 실현했다. Y 씨 가족은 가족 간의 소통도 중요하게 생각해 주방에서는 거실, 다이닝, 침상, 책장이 보인다. 특히 온 가족의 책을 보관한 책장은 가족의 교류가 이루어지는 중요한 장소다. 가족끼리 자연스럽게 대화하기 쉬운 집이다.

Data

건축 연식	전유 면적	구조	공사기간	가족 구성
18년	83.75m²	RC 구조	2.5개월	부부+자녀(2명)

리모델링 동기와 집을 선택한 결정적인 이유

도심으로의 접근성도 중요하다
'직접 디자인한 집에 산다'는 꿈이 있었던 아내는 이 꿈을 이루기 위한 방법으로 주문형 주택과 구축 아파트 리모델링을 검토했다. 주문형 주택의 입지와 구축 아파트 리모델링의 입지, 각각 도심으로의 접근성을 비교해서 구축 아파트 리모델링을 선택했다.

2면 발코니의 맨 끝에 있는 집
남편의 본가 근처라서 그 지역을 잘 알고 자연이 풍부하며 조용한 동네에 있는 아파트를 구입했다. 맨 끝에 있는 집이라서 밝고, 발코니가 두 방향에 있어 햇볕이 잘 들고 통풍이 좋은 점이 결정적인 계기로 작용했다.

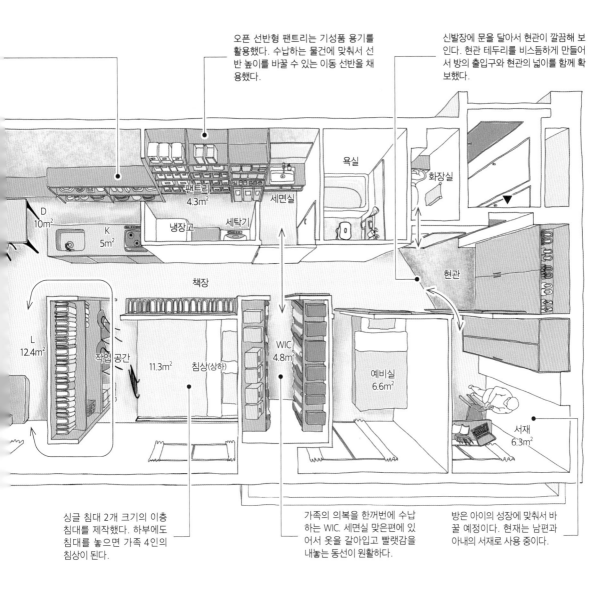

오픈 선반형 팬트리는 기성품 용기를 활용했다. 수납하는 물건에 맞춰서 선반 높이를 바꿀 수 있는 이동 선반을 채용했다.

신발장에 문을 달아서 현관이 깔끔해 보인다. 현관 테두리를 비스듬하게 만들어서 방의 출입구와 현관의 넓이를 함께 확보했다.

욕실

화장실

세면실

팬트리
4.3m²

D
10m²

냉장고

세탁기

K
5m²

현관

책장

L
12.4m²

작업 공간

11.3m²   침상(상하)

WIC
4.8m²

예비실
6.6m²

서재
6.3m²

싱글 침대 2개 크기의 이층 침대를 제작했다. 하부에도 침대를 놓으면 가족 4인의 침상이 된다.

가족의 의복을 한꺼번에 수납하는 WIC. 세면실 맞은편에 있어서 옷을 갈아입고 빨랫감을 내놓는 동선이 원활하다.

방은 아이의 성장에 맞춰서 바꿀 예정이다. 현재는 남편과 아내의 서재로 사용 중이다.

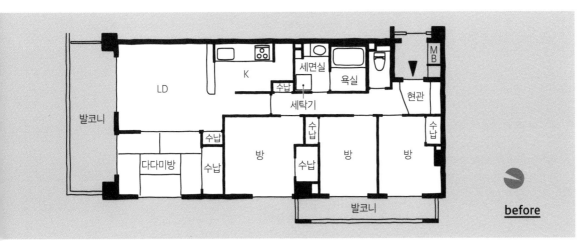

세면실
욕실
LD
K
수납
세탁기
현관
MB
발코니
수납
방
수납
방
방
수납
다다미방
수납
수납

before

발코니

근사한 양복점 같은
WTC가 있는
옷 마니아의 집

면적
80㎡

오브제 같은 침실의 '상자 모양'을 강조하기 위해서 안쪽의 움푹 들어간 부분에 조명을 설치했다. 간접 조명이 벽면을 비춰서 인상적인 공간으로 변화한다.

현관을 들어서자마자 헤링본 스타일의 바닥재와 진갈색 나무판으로 제작한 전통적인 WTC가 눈에 들어온다. 마치 양복점을 연상케 하는 이 공간은 의류 판매업을 하는 아내가 재고를 수납하는 공간으로 사용한다. 개인 의류는 상자 같은 침실에 한꺼번에 수납할 수 있어서 생활감을 느끼게 하는 요소를 노출하지 않고 상품 사진을 찍는 스튜디오로도 기능한다. 침실을 에워싸는 벽은 플렉시블 보드라고 하는 시멘트 재질의 판재로 마감해서 WTC와는 다른 분위기를 연출했다. 생활의 잡다한 물건이 시야에 들어오지 않는 공간은 일 이외의 휴식 시간을 보내기에도 아늑해 보인다.

작업 공간

원래 수납공간이었던 움푹 들어간 부분을 책상으로 변경했다. 에워싸인 느낌을 줘서 집중하기 쉬워 보이는 작업 공간이 완성되었다.

Data

건축 연식	전유 면적	구조	공사기간	가족 구성
42년	80.0m²	SRC 구조	2개월	부부

리모델링 동기와 집을 선택한 결정적인 이유

20년 넘게 빈 집을 새롭게 바꾸다
F 씨 부부는 할머니가 소유했던 아파트를 물려받았다. 20년 넘게 아무도 살지 않은 집의 인테리어는 예전 그대로였고, 오랫동안 물을 사용하지 않아서 설비와 배관의 노후도 눈에 띄었다. 또한 구조도 F 씨 부부 생활 스타일에 맞지 않았기에 전체 리모델링을 했다.

일과 사생활을 병행할 수 있는 넓이
집의 면적이 80m²라서 상품의 재고 수납과 촬영 장소도 충분히 확보할 수 있다. 부술 수 없는 벽도 없고 리모델링하기 쉬운 공간이었다.

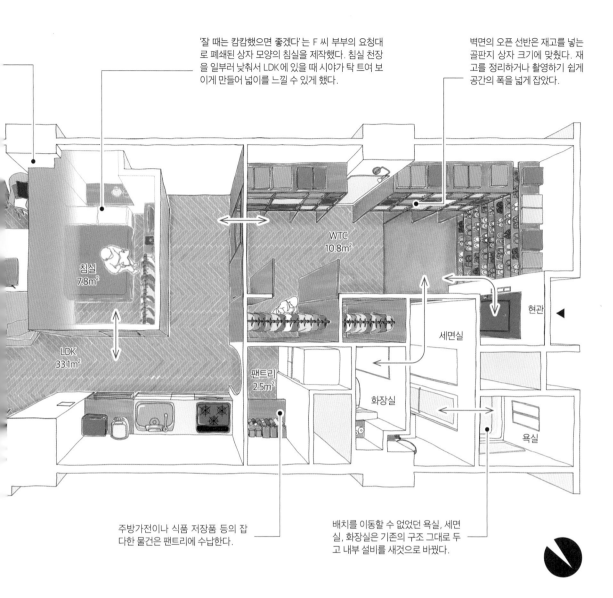

'잘 때는 캄캄했으면 좋겠다'는 F 씨 부부의 요청대로 폐쇄된 상자 모양의 침실을 제작했다. 침실 천장을 일부러 낮춰서 LDK에 있을 때 시야가 탁 트여 보이게 만들어 넓이를 느낄 수 있게 했다.

벽면의 오픈 선반은 재고를 넣는 골판지 상자 크기에 맞췄다. 재고를 정리하거나 촬영하기 쉽게 공간의 폭을 넓게 잡았다.

침실
7.8m²

WTC
10.8m²

현관

세면실

LDK
33.1m²

팬트리
2.5m²

화장실

욕실

주방가전이나 식품 저장품 등의 잡다한 물건은 팬트리에 수납한다.

배치를 이동할 수 없었던 욕실, 세면실, 화장실은 기존의 구조 그대로 두고 내부 설비를 새것으로 바꿨다.

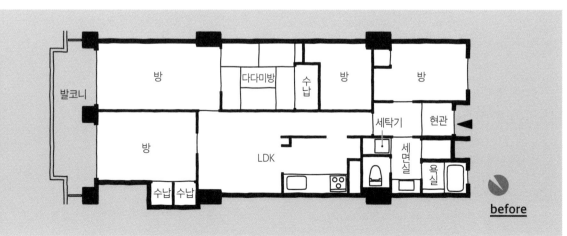

발코니

방

다다미방

수납

방

방

세탁기

현관

방

LDK

세면실

욕실

수납 수납

before

주차장과
연결된 공간에
실외용품을 보관한다

면적
79m²

H 씨의 집은 전용 정원과 주차장이 딸린 1층에 있는 집이다. 취미인 아웃도어 용품의 수납공간과 방 3개가 필요했다. 아웃도어 용품을 넣는 창고는 자동차에서 짐을 넣고 꺼내기 쉽게 주차장에 연결되는 위치에 계획했다. 그 위의 침실로 쓰려고 했던 이층 침대는 현재 좋아하는 물품을 장식하는 장소로 사용하고 있다. 두 방의 크기를 가장 작게 줄이고 복도를 길이 약 5.5미터의 WTC로 만들어서 가족 5인의 의류를 수납했다. 탈의실이 가까워서 옷을 갈아입기 쉽고 빨랫감을 넣는 작업도 한곳에서 끝난다. 넓은 LDK는 오크 목재로 바닥과 가구를 통일했다. 수많은 식물을 장식할 수 있는 습한 느낌의 공간에서 온 가족이 즐겁고 화목하게 지내고 있다.

전용 정원에는 우드덱을 깔았다. 휴일에는 이곳에서 식사하기도 한다.

전용 정원

주차장

부술 수 없는 구조벽을 역이용해서 취미 공간을 LDK에서 독립시켰다. 이층 침대의 상부는 아이의 놀이 공간이나 침상, 손님을 초대한 술자리 등 다목적으로 활약한다.

Data

건축 연식	전유 면적	구조	공사기간	가족 구성
23년	79.44m²	RC 구조	2개월	부부+자녀(3명)

리모델링 동기와 집을 선택한 결정적인 이유

통학 구역과 출퇴근을 우선적으로 생각한 집 선택
아웃도어를 좋아해서 자동차를 소유한 H 씨 가족은 처음에 단독주택을 원했다. 하지만 자녀의 통학 구역과 부부의 직장으로의 접근성을 고려한 결과 희망 지역은 도심부가 되었다. 그러나 도심에서는 단독주택을 찾기 어려운 탓에 아파트 리모델링으로 전환했다.

주차장과 전용 정원이 있는 1층집
주차장과 전용 정원을 조건으로 매물을 찾아서 이 집을 발견했다. 필수조건은 충족시켰지만 생활 스타일에 맞지 않는 구조와 취향과 다른 실내 인테리어를 새로 바꾸고 싶었다. 부술 수 없는 구조벽이 있는 L형 집이었기 때문에 필요한 수납량과 LDK의 넓이를 어떻게 실현하느냐가 문제였다.

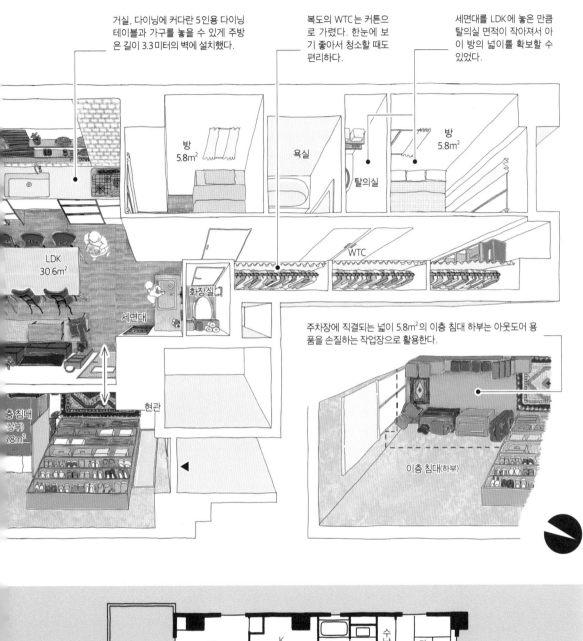

거실, 다이닝에 커다란 5인용 다이닝 테이블과 가구를 놓을 수 있게 주방 은 길이 3.3미터의 벽에 설치했다.

복도의 WTC는 커튼으로 가렸다. 한눈에 보기 좋아서 청소할 때도 편리하다.

세면대를 LDK에 놓은 만큼 탈의실 면적이 작아져서 아이 방의 넓이를 확보할 수 있었다.

방
5.8m²

욕실

방
5.8m²

탈의실

LDK
30.6m²

WTC

세면대

화장실

주차장에 직결되는 넓이 5.8m²의 이층 침대 하부는 아웃도어 용품을 손질하는 작업장으로 활용한다.

층 침대
(상부)
.8m²

현관

이층 침대(하부)

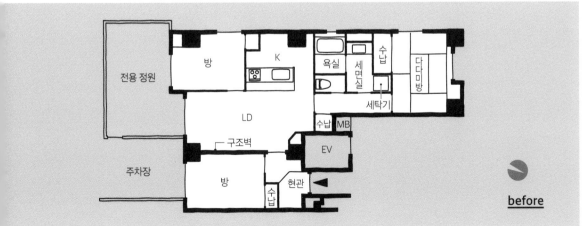

전용 정원

방

K

욕실

세면실

수납

다다미방

세탁기

LD

구조벽

수납

MB

EV

주차장

방

수납

현관

before

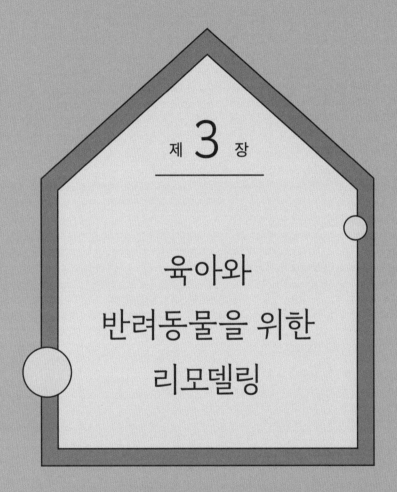

제 **3** 장

육아와
반려동물을 위한
리모델링

아이의 의욕이
저절로 생기는 집

면적
85㎡

S 씨 가족의 리모델링 주제는 '온 가족의 의욕을 불러일으키는 공간 만들기'였다. LDK의 한 구석에 있는 작업 공간이 이를 상징한다. 이곳은 책을 읽거나 놀거나 공부하거나 만들기를 하는 등 온 가족이 각자 마음대로 지낼 수 있는 장소다. 거실과 일체감이 있지만 장난감을 벌려놔도 신경 쓰이지 않는다. 주방은 요리를 하며 아이를 지켜보고 싶다는 아내의 희망을 반영하여 대면형으로 만들었다. 작업대 주위를 순환할 수 있는 주방은 여러 사람이 함께 작업하기 편하며 아이와 함께 요리할 기회도 늘었다고 한다. 또한 현관에는 세면대를 마련해서 아이가 흙투성이가 되어 집에 와도 괜찮다. 가족의 창조력을 키우는 집이다.

Data

건축 연식	전유 면적	구조	공사기간	가족 구성
37년	84.78㎡	SRC 구조	2개월	부부+자녀(2명)

리모델링 동기와 집을 선택한 결정적인 이유

아파트 단지의 커뮤니티에서 생활하고 싶다
'지역 커뮤니티 안에서 여러 세대와 관계를 맺으며 아이를 키우고 싶다'는 마음에서 S 씨 가족은 아파트 단지 생활을 희망했다. 구조에 관해서도 '가족이 저마다 좋아하는 공간이 있고 서로 소통할 수 있는 집'이라는 꿈이 있어서 처음부터 리모델링을 전제로 집 꾸미기를 고려했다.

빛과 바람이 들어오는 창문의 간격이 넓은 집
선택한 아파트 단지는 나무가 많고 조용한 환경에 새로운 내진기준을 충족한다는 점이 구입에 결정적으로 작용했다. 두 방향에 발코니가 있어서 바람이 잘 통하고 창문의 간격이 넓어서 자유로운 공간 만들기가 수월한 점도 S 씨 가족의 희망에 딱 맞았다.

<u>**before**</u>

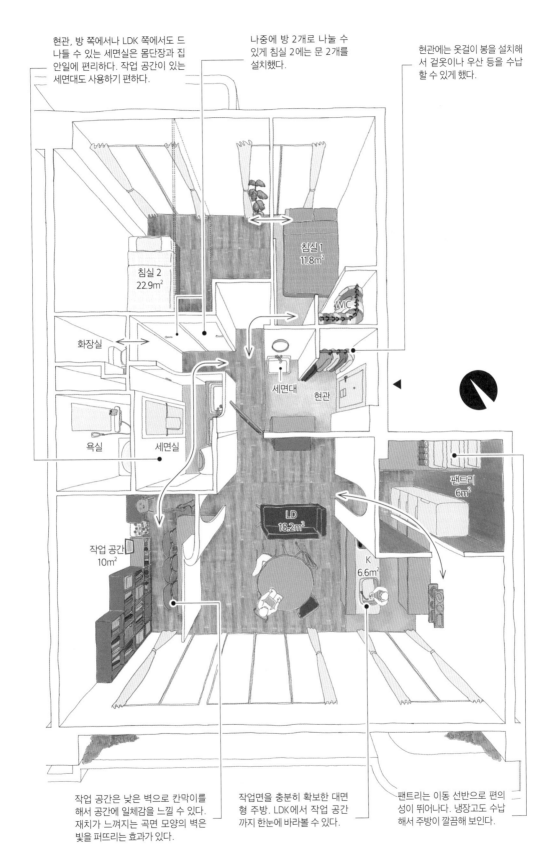

현관, 방 쪽에서나 LDK 쪽에서도 드나들 수 있는 세면실은 몸단장과 집안일에 편리하다. 작업 공간이 있는 세면대도 사용하기 편하다.

나중에 방 2개로 나눌 수 있게 침실 2에는 문 2개를 설치했다.

현관에는 옷걸이 봉을 설치해서 겉옷이나 우산 등을 수납할 수 있게 했다.

침실 1
11.8m²

WIC

침실 2
22.9m²

화장실

세면대

현관

욕실

세면실

팬트리
6m²

LD
18.2m²

작업 공간
10m²

K
6.6m²

작업 공간은 낮은 벽으로 칸막이를 해서 공간에 일체감을 느낄 수 있다. 재치가 느껴지는 곡면 모양의 벽은 빛을 퍼뜨리는 효과가 있다.

작업면을 충분히 확보한 대면형 주방. LDK에서 작업 공간까지 한눈에 바라볼 수 있다.

팬트리는 이동 선반으로 편의성이 뛰어나다. 냉장고도 수납해서 주방이 깔끔해 보인다.

거실과 수납을 나눈, 사람과 고양이 모두가 쾌적한 집

평상 마루의 침상은 바닥 밑에 침구를 넣으면 거실을 넓게 사용할 수 있고 고양이의 장난도 방지할 수 있다.

작업 공간
5.1m²

캣워크는 붙박이 책상과 디자인을 맞춰서 멋지게 완성했다.

고양이 두 마리와 생활하는 M 씨와 파트너. 아파트 단지의 한 집을 리모델링해서 물을 쓰는 공간을 경계로 LDK, 침상, 작업 공간은 발코니 쪽, SIC, WIC, 창고 등의 수납은 현관 쪽에 배치한 구조다. LDK의 입구에는 미닫이문을 설치해서 현관 쪽으로 고양이가 드나드는 것을 제한했다. 수납공간을 거실에서 확실히 분리시켜 책이나 옷에 고양이가 장난을 칠 염려가 사라지는 동시에 M 씨 커플이 바란 '생활감이 없는 널찍한 LDK'를 실현했다. 작업 공간과 침상 상부에 제작한 캣워크는 순환 동선으로 만들어서 고양이 두 마리가 쾌적하게 지낼 수 있게 고안했다. 사람과 고양이가 다함께 기분 좋게 지낼 수 있는 공간이다.

Data

건축 연식	전유 면적	구조	공사기간	가족 구성
55년	60.59m²	RC 구조	2개월	커플＋고양이(2마리)

리모델링 동기와 집을 선택한 결정적인 이유

월세와 자가의 장점을 비교해 보니
M 씨는 전부터 오래된 건물의 멋을 살리는 구축 아파트 리모델링에 관심이 있었다고 한다. 주택 자금 대출이나 자산성 등도 고려해서 내 집 마련을 검토하기 시작했다.

새로운 내진기준에 적합한 지은 지 50년이 넘은 아파트 단지
구입한 매물은 살던 지역에 지은 지 50년이 넘은 아파트 단지였다. 새로운 내진기준에 적합한 점이 증명된 집이었기 때문에 구입을 결심했다. 벽식 구조라서 집 안에 부술 수 없는 구조벽이 있는 구조였지만, 수납과 거실을 나누는 구조로 살렸다.

이용 빈도가 높은 세면대는 다이닝 쪽에 배치
했다. 세면대의 하부는 고양이의 물과 사료 그
릇을 놓는 장소가 되었다.

책이나 서류 등의 생활용품은 창고에 수
납했다. 아치형 입구는 커튼으로 닫아서
편하게 드나들 수 있다.

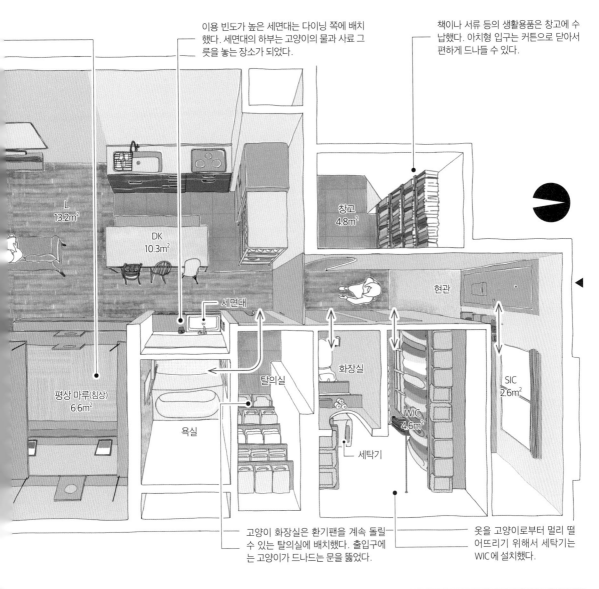

L
13.2m²

DK
10.3m²

창고
4.8m²

세면대

현관

평상 마루(침상)
6.6m²

탈의실

화장실

SIC
2.6m²

WIC
4.6m²

욕실

세탁기

고양이 화장실은 환기팬을 계속 돌릴
수 있는 탈의실에 배치했다. 출입구에
는 고양이가 드나드는 문을 뚫었다.

옷을 고양이로부터 멀리 떨
어뜨리기 위해서 세탁기는
WIC에 설치했다.

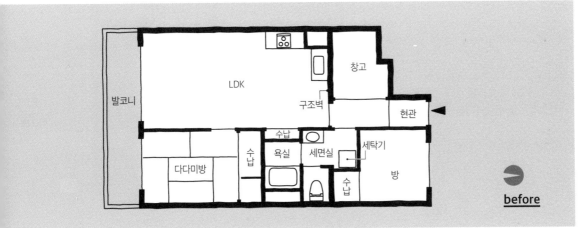

발코니

LDK

창고

구조벽

현관

수납

수납

욕실

세면실

세탁기

방

다다미방

수납

before

자녀의 독립을 고려한
4인 가족 원룸

자녀 2명과 생활하는 F 씨 부부는 54m²의 작은 공간을 과감하게 원룸으로 리모델링했다. 부부의 침상은 거실 한 구석에 있는 평상 마루에 마련하고, 아이들의 침상은 WIC 안에 제작한 이층 침대 모양의 공간과 WIC 옆 창가에 설치했다. 창가의 침상은 막 사회인이 된 큰딸이 머지않아 독립할 것을 고려한 아이디어다. 침대를 치우면 순식간에 거실의 일부가 된다. 다이닝, 주방도 한정된 공간에 가족 넷이 모일 수 있는 군더더기 없는 공간이다. 테이블은 놓지 않고 카운터에서 식사를 즐긴다. 자녀의 독립을 고려해가며 가족 넷이 사이좋게 지낼 수 있는 절묘한 거리감을 실현한 독창적인 집이다.

Data

건축 연식	전유 면적	구조	공사기간	가족 구성
52년	54.1m²	RC 구조	2개월	부부+자녀(2명)

리모델링 동기와 집을 선택한 결정적인 이유

결혼 당시부터 염원했던 리모델링

F 씨 부부는 20대 때부터 구축 아파트 리모델링에 관심이 있었다고 한다. 당시에는 공사비를 주택 자금 대출로 빌릴 수 없었던 탓에 계획을 단념할 수밖에 없었다. 그러다 매물 구입비와 공사비를 동시에 빌릴 수 있다는 점을 알고, 40대를 맞이하여 염원하던 리모델링을 실행했다.

단층집 느낌의 정원이 딸린 1층 집

옆 동과의 간격이 넓고 녹지가 풍부한 아파트 단지의 가정적인 커뮤니티가 마음에 들어서 구입을 결정했다. 단층집 느낌으로 생활할 수 있게 정원이 딸린 1층 집을 선택했다.

발코니

욕실

K

다다미방

현관

세탁기

MB 수납 수납

불단 수납

다다미방

LD

다다미방

발코니

before

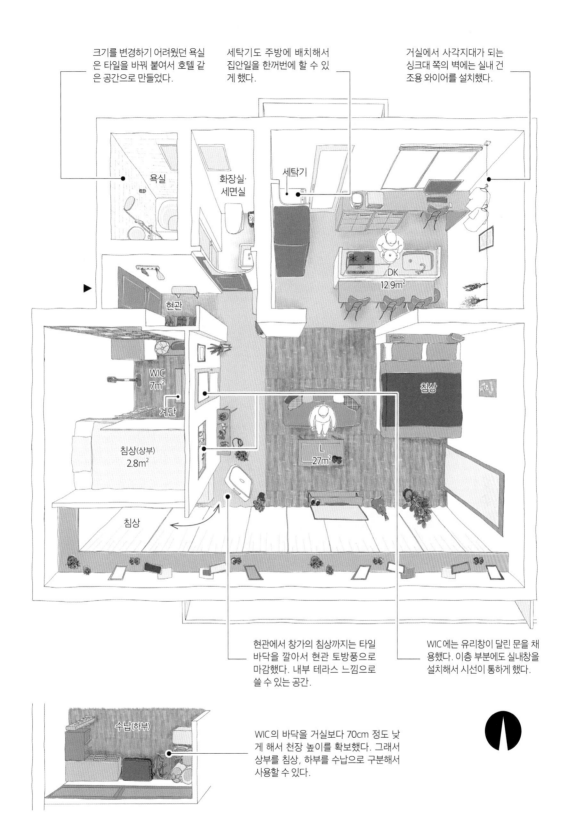

크기를 변경하기 어려웠던 욕실은 타일을 바꿔 붙여서 호텔 같은 공간으로 만들었다.

세탁기도 주방에 배치해서 집안일을 한꺼번에 할 수 있게 했다.

거실에서 사각지대가 되는 싱크대 쪽의 벽에는 실내 건조용 와이어를 설치했다.

욕실

화장실·세면실

세탁기

현관

DK 12.9m²

WIC 7m²

계단

침상

침상(상부) 2.8m²

L 27m²

침상

현관에서 창가의 침상까지는 타일 바닥을 깔아서 현관 토방풍으로 마감했다. 내부 테라스 느낌으로 쓸 수 있는 공간.

WIC에는 유리창이 달린 문을 채용했다. 이층 부분에도 실내창을 설치해서 시선이 통하게 했다.

수납(하부)

WIC의 바닥을 거실보다 70cm 정도 낮게 해서 천장 높이를 확보했다. 그래서 상부를 침상, 하부를 수납으로 구분해서 사용할 수 있다.

육아 생활을 세련되게!
멋있는 집 꾸미기

면적
72m²

어린 아이 둘과 고양이와 함께 사는 B 씨 부부는 '긍정적으로 생활감을 보여주는 공간'을 주제로 집을 꾸몄다. 공간 전체의 실내 인테리어는 어두운 색조의 바닥재와 검은색 타일벽을 도입했다. 내장재의 색상 수를 한정해서 아이의 물건으로 공간에 색을 입힐 수 있게 연구했다. 거실에 인접한 아이 방의 벽에는 허리 높이에 유리 격자창을 넣었다. 아이의 모습이 보이는 한편 바닥면은 숨길 수 있기 때문에 LDK 쪽에서 본 모습도 깔끔하다. 집안을 한눈에 바라볼 수 있는 L형 주방은 WIC와 세면실과도 가까워서 집안일을 효율적으로 할 수 있게 배치했다. '멋진 생활'과 '육아가 즐거운 생활'을 병행할 수 있다는 점을 알려주는 집이다.

Data

건축 연식	전유 면적	구조	공사기간	가족 구성
19년	72.41m²	RC 구조	3개월	부부+자녀(2명)+고양이

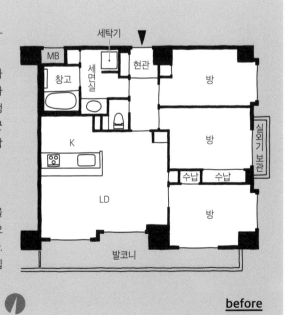

리모델링 동기와 집을 선택한 결정적인 이유

본가에 접근하기 쉬운 입지에서 내 집 마련을 검토
맞벌이를 하는 20대 B 씨 부부는 부모님에게서 육아 지원을 받기 쉽게 서로의 본가 중간 지역에서 내 집 마련을 검토했다. 처음에는 월세나 신축 단독주택도 생각했지만, 희망 지역, 예산, 실내 인테리어 자유도의 균형을 고려해 보니 구축 아파트 리모델링이 가장 적합하다고 느꼈다.

창문이 넓고 채광이 좋은 집
입지, 면적, 가격도 딱 좋은 매물은 새로운 내진기준을 충족한 맨 끝 쪽 집이었다. 정사각형에 가까운 모양으로 2면 채광인 집은 실제 면적보다 더 넓게 느껴진다. B 씨는 어린이집까지의 등하원을 실제로 해보고 구입을 결심했다.

before

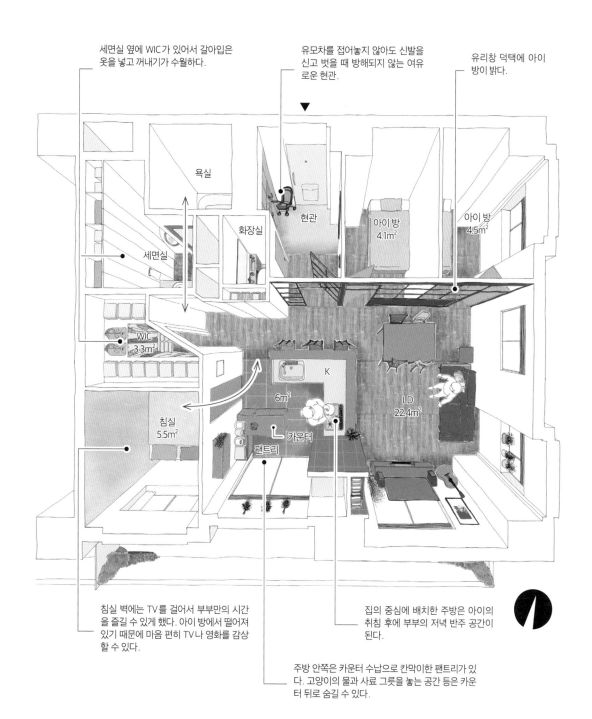

세면실 옆에 WIC가 있어서 갈아입은 옷을 넣고 꺼내기가 수월하다.

유모차를 접어놓지 않아도 신발을 신고 벗을 때 방해되지 않는 여유로운 현관.

유리창 덕택에 아이 방이 밝다.

욕실

현관

화장실

아이 방
4.1m²

아이 방
4.5m²

세면실

WIC
3.3m²

K

6m²

LD
22.4m²

침실
5.5m²

카운터

팬트리

침실 벽에는 TV를 걸어서 부부만의 시간을 즐길 수 있게 했다. 아이 방에서 떨어져 있기 때문에 마음 편히 TV나 영화를 감상할 수 있다.

집의 중심에 배치한 주방은 아이의 취침 후에 부부의 저녁 반주 공간이 된다.

주방 안쪽은 카운터 수납으로 칸막이한 팬트리가 있다. 고양이의 물과 사료 그릇을 놓는 공간 등은 카운터 뒤로 숨길 수 있다.

가족의 동선과
생활하는 공간이
이어지는 집

면적
67 m²

아이 방이 필요해지면 평상 마루가 부부의 침상이 될 예정.

O 씨 가족의 집 중심에는 LDK의 다다미로 된 평상 마루가 있다. 낮에는 아이의 놀이 공간, 밤에는 가족의 침상이 된다. 벽면의 선반에는 아이의 물건이나 그림책을 수납했다. 요리용 아일랜드 카운터가 평상 마루, 거실, 주방의 세 공간을 연결한다. LDK의 중심에 카운터를 배치해서 남편과 아이가 요리를 도울 기회가 늘어났다. 유모차를 여유 있게 놓을 수 있는 넓은 현관이나 집에 오자마자 손을 씻기 쉬운 세면실도 육아에 바쁜 일상을 도와준다. 세면실은 WTC와도 이어져서 빨래의 작업 효율도 올라간다. 부모와 자녀가 풍부한 시간을 보낼 수 있는 살기 좋은 구조다.

Data

건축 연식	전유 면적	구조	공사기간	가족 구성
31년	67.0m²	RC 구조	2개월	부부+자녀(1명)

리모델링 동기와 집을 선택한 결정적인 이유

가족이 함께 지낼 수 있는 고풍스러운 공간
O 씨 부부는 앤티크 가구와 같은 오래된 물건을 좋아해서 신축 아파트의 실내 인테리어는 취향에 맞지 않았다고 한다. 가족이 같은 공간에서 느긋하게 보낼 수 있는 구조와 자신들이 선호하는 인테리어를 원해서 구축 아파트 리모델링을 선택했다.

육아 환경을 중시해서 교외로
O 씨 부부가 목표한 곳은 새로운 지하철 노선이 개통하여 도심부로 접근하기 쉬워진 교외의 동네였다. 고양이와 생활할 수 있도록 반려동물을 키울 수 있는 조건으로 매물 후보를 한정했다. 최종적으로는 새로운 내진기준에 적합한 단지형 매물을 구입하기로 결정했다.

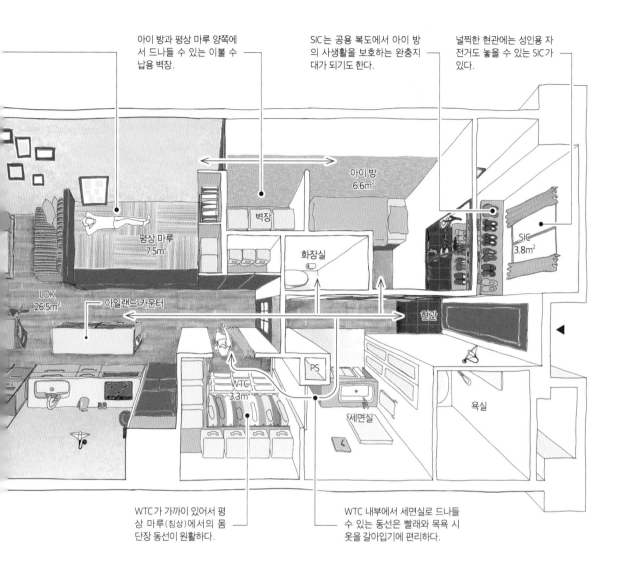

아이 방과 평상 마루 양쪽에서 드나들 수 있는 이불 수납용 벽장.

SIC는 공용 복도에서 아이 방의 사생활을 보호하는 완충지대가 되기도 한다.

널찍한 현관에는 성인용 자전거도 놓을 수 있는 SIC가 있다.

아이 방
6.6m²

벽장

평상 마루
7.5m²

화장실

SIC
3.8m²

LDK
26.5m²

아일랜드 카운터

현관

PS

WTC
3.3m²

세면실

욕실

WTC가 가까이 있어서 평상 마루(침상)에서의 몸단장 동선이 원활하다.

WTC 내부에서 세면실로 드나들 수 있는 동선은 빨래와 목욕 시 옷을 갈아입기에 편리하다.

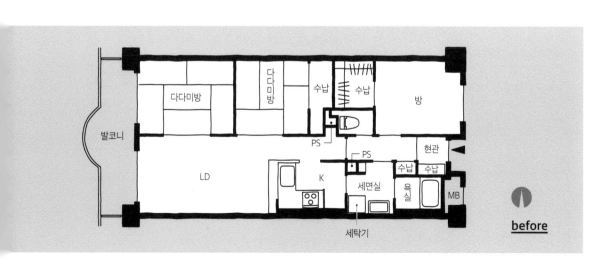

발코니

다다미방

다다미방

수납

수납

방

PS

LD

K

세면실

PS

현관

수납

수납

욕실

MB

세탁기

before

입체적인 방으로
혼자만의 시간과
가족의 시간도 쾌적해진다

면적
60㎡

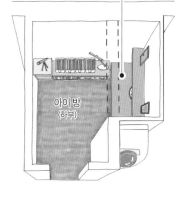

침상 하부에는 좌식
책상을 제작했다.

아이방
(하부)

N 씨 가족은 부부와 아들 둘의 4인 가족이다. 60㎡의 집에 두 아이의 방과 온 가족이 편히 쉴 수 있는 거실을 확보하기 위한 아이디어로 주방 옆에 평상 마루＋이층 침대의 아이 방을 만들었다. 현재 평상 마루가 작은 아들의 놀이 공간, 침대(침상) 하부가 큰아들의 방, 침대는 남편이 사용한다. 나중에는 평상 마루와 남편의 침대를 아이의 침상으로 쓰고 침대 하부를 공부방으로 활용할 예정이다. 각자의 공간을 창호로 닫지 못하는 구조로 만들어서 가족의 기척과 목소리가 통하는 집이 되었다. 온 가족의 의복은 WIC에 한꺼번에 수납하므로 LDK를 깔끔하게 정리할 수 있다. 혼자만의 시간이나 가족이 함께 지내는 시간도 소중하게 생각해서 집을 꾸몄다.

평상 마루의 바닥 밑은 주방 쪽으로 서랍을 제작했다. 장난감이나 거실에서 이용하는 물건을 싹 정리할 수 있어서 편리하다.

서류나 프린터 등 온 가족이 사용하는 물건은 대면형 주방의 다이닝 쪽에 제작한 선반에 수납했다.

Data

건축 연식	전유 면적	구조	공사기간	가족 구성
32년	60.0㎡	RC 구조	2.5개월	부부＋자녀(2명)

리모델링 동기와 집을 선택한 결정적인 이유

단독주택에서의 이사
N 씨 가족은 전에 단독주택에서 살았다. 면적은 충분했지만 아이들이 거실에서 지낼 때가 많아서 아이 방을 효과적으로 쓰지 못했다. 그런 경험을 통해 새로 이사할 집은 '거실과 방의 거리감 조절'을 주제로 리모델링했다.

수납도 면밀하게 계획해서 공간을 구석구석까지 활용
친척에게서 물려받은 아파트를 리모델링했다. 처음에는 간단하게 고치려고 했는데 '60㎡에 가족 넷이 함께 살아야 한다', '키가 큰 남편에게 기존의 창호 높이가 낮았다'는 등의 이유로 전체 리모델링을 결심했다. 아내의 희망으로 수납 전문가에게 수납 계획을 도움 받아 실시했다.

제3장　육아와 반려동물을 위한 리모델링

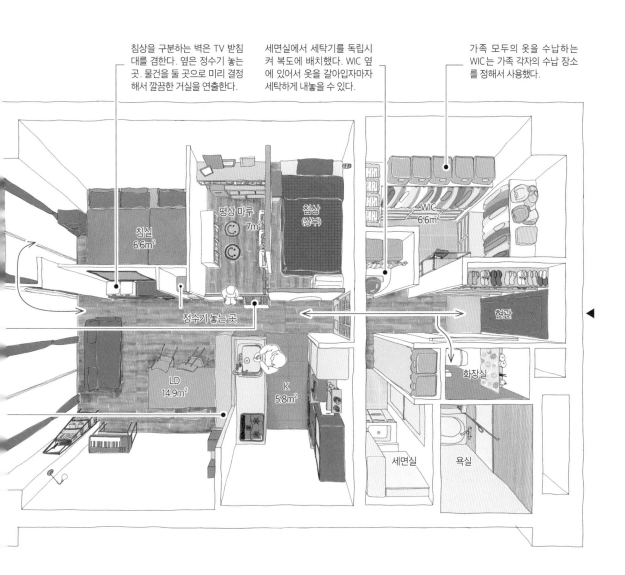

침상을 구분하는 벽은 TV 받침
대를 겸한다. 옆은 정수기 놓는
곳. 물건을 둘 곳으로 미리 결정
해서 깔끔한 거실을 연출한다.

세면실에서 세탁기를 독립시
켜 복도에 배치했다. WIC 옆
에 있어서 옷을 갈아입자마자
세탁하게 내놓을 수 있다.

가족 모두의 옷을 수납하는
WIC는 가족 각자의 수납 장소
를 정해서 사용했다.

평상 마루
7m²

침실
6.6m²

침상
(상부)

WIC
6.6m²

현관

정수기 놓는 곳

화장실

LD
14.9m²

K
5.8m²

세면실

욕실

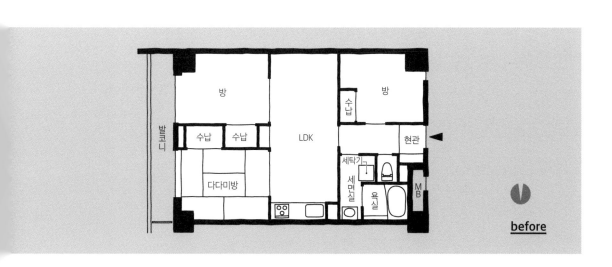

방

방

수납

발코니

수납

수납

LDK

현관

다다미방

세탁기

세면실

욕실

MB

before

식물과 고양이를
사랑하는 힐링 거실

면적
70㎡

창가에 만든 내부 테라스는 S 씨 부부의 취미인 다육식물을 키울 수 있는 공간으로 격자무늬의 유리 미닫이문으로 칸막이한 온실과 같다. 식물이 늘어선 광경이 거실을 아름답게 물들인다. 내부 테라스에 미닫이문을 설치한 이유는 함께 사는 고양이 두 마리의 장난과 잘못 먹는 것을 방지하기 위함이다. 각 방의 벽에는 고양이 문을 설치해서 아이 방 → WIC → 세면실 → 침실로 이어지는 캣워크를 제작했다. 고양이가 집안을 자유롭게 돌아다닐 수 있게 한 아이디어다. 거실 벽면에도 책장을 겸한 캣워크를 설치해 책상에서 일하며 고양이들의 모습을 지켜볼 수 있다. 좋아하는 식물을 바라보며 반려묘와의 마음 편한 시간을 만끽하는 구조다.

Data

건축 연식	전유 면적	구조	공사기간	가족 구성
25년	70.13㎡	RC 구조	2.5개월	부부 + 고양이(2마리)

리모델링 동기와 집을 선택한 결정적인 이유

재택근무를 계기로 집을 재검토
S 씨 부부는 원래 살았던 아파트를 리모델링했다. 부부가 함께 재택근무가 기본이라서 쾌적한 작업 공간이 필요해진 점이나, 취미로 키우는 식물을 위한 공간을 충분히 확보하고 싶다는 마음에서 전체 리모델링을 하기로 했다. 반려묘의 건강도 배려해서 건축 전문지의 '고양이와 생활하는 집 특집'을 참고하여 구조를 만들었다.

맨 끝에 있는 집의 좋은 채광을 살려서 리모델링하고 싶다
식물을 키우는 것이 취미인 S 씨 부부. 사는 집은 전용 정원이 딸린 1층 집으로, 창문이 많고 햇볕이 잘 드는 맨 끝에 있는 집이라는 점이 매입의 계기였다.

before

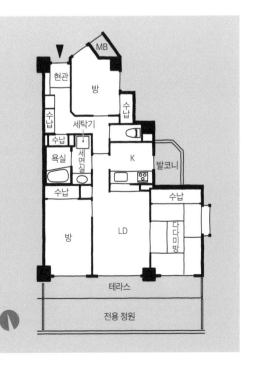

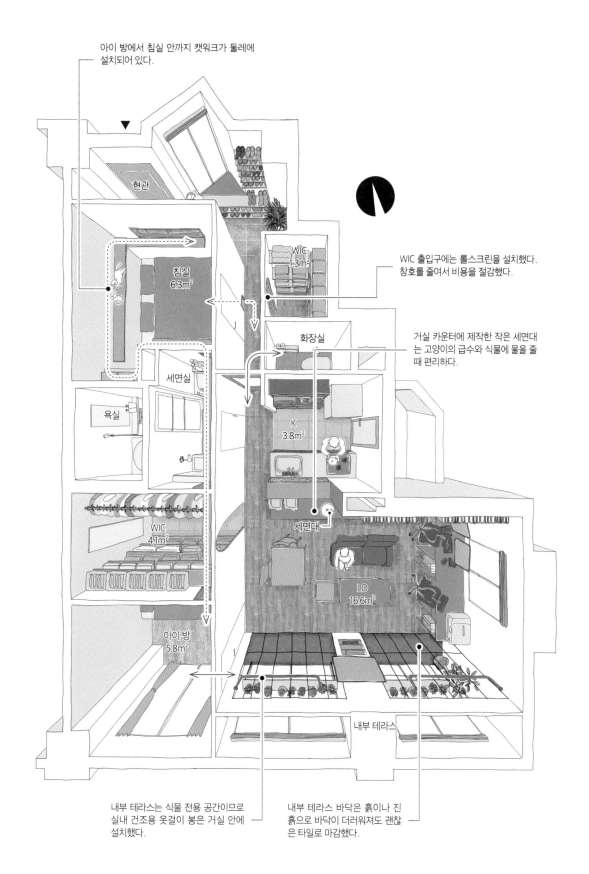

아이 방에서 침실 안까지 캣워크가 둘레에
설치되어 있다.

현관

침실
6.3m²

WIC
1.3m²

WIC 출입구에는 롤스크린을 설치했다.
창호를 줄여서 비용을 절감했다.

화장실

세면실

거실 카운터에 제작한 작은 세면대
는 고양이의 급수와 식물에 물을 줄
때 편리하다.

욕실

K
3.8m²

WIC
4.1m²

세면대

LD
16.6m²

아이 방
5.8m²

내부 테라스

내부 테라스는 식물 전용 공간이므로
실내 건조용 옷걸이 봉은 거실 안에
설치했다.

내부 테라스 바닥은 흙이나 진
흙으로 바닥이 더러워져도 괜찮
은 타일로 마감했다.

자유 공간이
가족을 연결하는 생활

면적
90m²

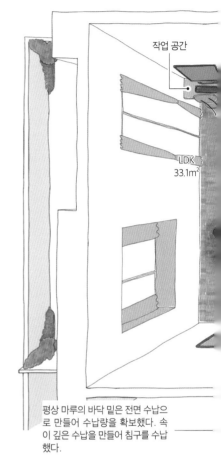

사소한 작업을 할 수 있는 카운터를 붙박이로 만든 대면형 주방. 요리나 일을 하며 아이와 소통할 수 있다.

작업 공간

LDK
33.1m²

90m²의 면적을 여유롭게 사용해가며 가족이 서로 떨어지지 않는 구조를 실현한 K 씨의 집. 징검다리와 같은 바닥판을 놓은 현관의 정면에 있는 자유 공간은 영화를 보거나 재택근무를 하거나 명절 장식을 놓는 등 온 가족이 쓸 수 있는 다목적 공간이다. 이 장소는 아이가 늘면 방으로 만들 계획이며 이웃하는 아이 방과 마찬가지로 가족의 존재가 잘 느껴지도록 현관과 LDK를 연결하는 동선 위에 배치했다. 거실의 한 구석에 만든 평상 마루는 현재 엄마와 아이의 침상 겸 놀이 공간이 되었다. 주방 정면의 카운터와 다이닝 뒤쪽에 만든 작업 공간도 가족이 한 공간에서 함께 지내기 위한 아이디어이다. 다양한 장소가 생활을 다채롭게 하는 구조다.

평상 마루의 바닥 밑은 전면 수납으로 만들어 수납량을 확보했다. 속이 깊은 수납을 만들어 침구를 수납했다.

Data

건축 연식	전유 면적	구조	공사기간	가족 구성
29년	90.0m²	SRC 구조	2.5개월	부부+자녀(1명)

리모델링 동기와 집을 선택한 결정적인 이유

아파트 내 근거리 거주 스타일
남편 본가가 있는 지역의 아파트를 구입한 K 씨 가족. 최근 늘고 있는 '아파트 내 근거리 거주 스타일'을 선택했다.

통풍, 채광 조건이 좋은 여유로운 매물
LDK가 있는 남쪽 발코니에서 경치가 펼쳐지며 방이 줄지어 있는 서쪽 창문에서는 나무들이 보인다. 통풍, 채광, 조망은 별로지만, 넓은 집 한가운데에 현관이 있어서 긴 통로를 만들지 않아도 되는 이점이 있다. 하지만 방으로 둘러싸여서 현관에 바깥의 빛이 닿지 않아 어두운 것이 결점이었다.

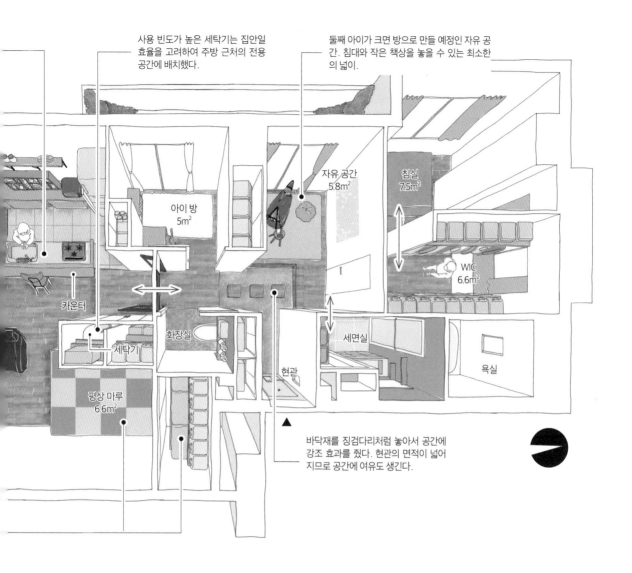

사용 빈도가 높은 세탁기는 집안일 효율을 고려하여 주방 근처의 전용 공간에 배치했다.

둘째 아이가 크면 방으로 만들 예정인 자유 공간. 침대와 작은 책상을 놓을 수 있는 최소한의 넓이.

카운터

세탁기

화장실

아이 방
5m²

자유 공간
5.8m²

침실
7.5m²

WIC
6.6m²

세면실

욕실

현관

평상 마루
6.6m²

바닥재를 징검다리처럼 놓아서 공간에 강조 효과를 줬다. 현관의 면적이 넓어지므로 공간에 여유도 생긴다.

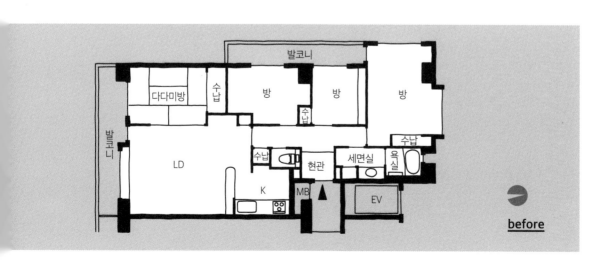

발코니

다다미방

수납

방

수납

방

방

수납

발코니

LD

수납

현관

세면실

욕실

K

MB

EV

before

반려견 놀이터 덕분에 취미인 DIY도 즐거운 집

면적
59m²

토방으로 된 주방은 더러워지는 것을 신경 쓰지 않아도 되므로 사용하기 편하다.

평상 마루 쪽의 카운터 테이블을 식탁으로 사용한다.

LDK
16.6m²

현관에서 주방까지 거실을 에워싸듯이 이어지는 토방은 바로 반려견 놀이터인 도그런이다. 일이 바빠서 산책하러 갈 수 없는 날이나 비가 오는 날이라도 이곳에서 뛰어 다니거나 공놀이를 할 수 있으므로 반려견도 즐겁게 지낼 수 있다. 평상 마루의 거실, 다이닝은 툇마루처럼 걸터앉을 수 있어서 반려견과 놀 때나 손님을 초대해서 파티할 때도 편리하다. 미닫이문으로 공간을 나누기 때문에 환기나 실내 온도를 조절하기 쉬운 점도 포인트다. 침실이나 WTC는 낮은 벽이나 유리 잠금장치로 칸막이해서 개방감이 있는 공간을 실현했다. 휴일에는 토방에서 취미인 DIY에 힘쓴다는 N 씨. 자신과 반려견을 위해서 만들어낸 독창적인 공간을 마음껏 즐기고 있다.

Data

건축 연식	전유 면적	구조	공사기간	가족 구성
22년	59.35m²	RC 구조	2개월	독신+개

리모델링 동기와 집을 선택한 결정적인 이유

어릴 때부터 동경한 '내 마음대로 꾸민 집'
N 씨는 월세 생활에 대한 불만은 특별히 없었지만, 마음대로 만든 구조의 집에서 살아 보고 싶다는 생각을 전부터 하고 있었다. 출퇴근에 편리한 위치를 선택하기 쉬운 점과 신축보다 가격이 적당한 점도 구축 아파트를 선택한 이유였다.

창문으로 전망대 스카이트리와 후지산이 보인다
반려동물을 키울 수 있는 데다 '스카이트리와 후지산이 보인다'는 조건으로 한정해 이 매물을 선택했다. 독립형 주방이 있는 3LDK의 구조를 반려견과의 생활에 맞춰서 전체 리모델링했다.

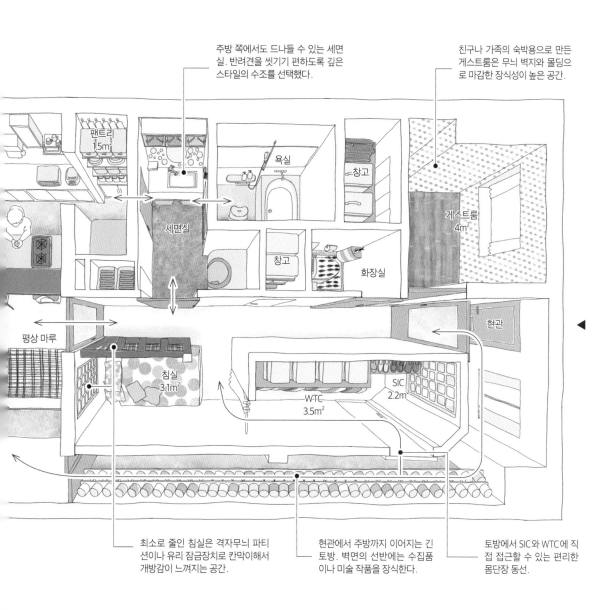

주방 쪽에서도 드나들 수 있는 세면실. 반려견을 씻기기 편하도록 깊은 스타일의 수조를 선택했다.

친구나 가족의 숙박용으로 만든 게스트룸은 무늬 벽지와 몰딩으로 마감한 장식성이 높은 공간.

팬트리
1.5㎡

욕실

창고

게스트룸
4㎡

세면실

창고

화장실

현관

평상 마루

침실
3.1㎡

WTC
3.5㎡

SIC
2.2㎡

최소로 줄인 침실은 격자무늬 파티션이나 유리 잠금장치로 칸막이해서 개방감이 느껴지는 공간.

현관에서 주방까지 이어지는 긴 토방. 벽면의 선반에는 수집품이나 미술 작품을 장식한다.

토방에서 SIC와 WTC에 직접 접근할 수 있는 편리한 몸단장 동선.

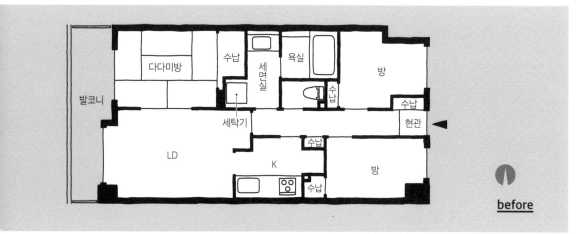

발코니

다다미방

수납

세면실

욕실

방

세탁기

수납

수납

현관

LD

K

수납

방

수납

before

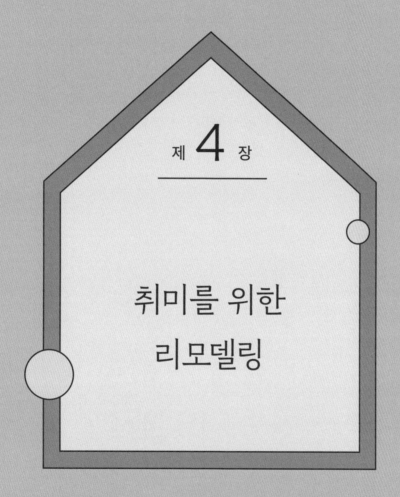

제 **4** 장

취미를 위한
리모델링

현관 토방에서
아웃도어와 DIY를 즐긴다

면적
88m²

현관을 들어서면 21.5m²의 토방 공간이 펼쳐진다. 아웃도어나 DIY를 좋아하는 K 씨 가족은 이곳에 텐트를 쳐서 아이와 놀거나 가구 만들기를 즐긴다. 현관홀의 세면대는 토방에서 작업할 때나 귀가 후에 손을 씻을 때도 편리하다. '잠만 자기 위한 장소는 아깝다'며 침실은 미닫이로 칸막이해서 토방과 하나로 사용할 수 있는 공간으로 만들었다. 나중에 아이 방은 토방에 임시로 만들 계획이다. LDK는 주방을 벽에 붙여서 널찍하게 쓸 수 있는 34.8m2를 확보했다. 좋아하는 가구를 여유 있게 배치할 수 있다. 남편은 '여름에는 토방, 겨울에는 LDK로 계절이나 기분에 따라 생활 장소를 바꿀 수 있는 점이 마음에 든다'고 한다. 취미를 즐기는 생활을 두 공간이 실현했다.

Data

건축 연식	전유 면적	구조	공사기간	가족 구성
39년	88.0m²	RC 구조	3개월	부부+자녀(1명)

리모델링 동기와 집을 선택한 결정적인 이유

생활에 집을 맞추고 싶다
K 씨 부부는 전에 살던 집에서 방에 맞춰 생활하는 데 불만을 느꼈다. 앞으로 본가를 다시 지어 그곳에서 살 가능성이 있어서 단독주택이 아니라 매각하기 쉬운 아파트를 자신들의 생활에 맞는 공간으로 리모델링하는 방법을 찾았다.

마음속에 그리던 이상적인 모습
88m²의 맨 끝에 있는 집을 구입했는데, 마음에 그리던 구조를 실현하기 위해서 장사각형의 매물을 찾은 K 씨에게 그야말로 이상 그대로의 모습이었다. 입지와 가격도 희망에 맞았기 때문에 즉시 구입하기로 결정했다.

before

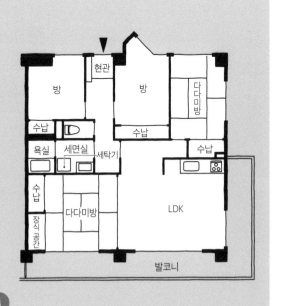

반쯤 개방된 세면대는 다양한 상황에서 가볍게 쓸 수 있어서 편리하다. 이곳에 놓으면 사용 빈도가 낮은 탈의실의 면적도 줄일 수 있다.

캠핑 도구를 펼치거나 DIY를 할 수 있는 널찍한 토방 공간.

침실은 다다미를 깐 평상 마루. 미닫이문 부근은 나무판을 깔아서 툇마루처럼 걸터앉을 수 있다.

가족의 옷은 이곳에 한꺼번에 수납했다. 여러 곳에 장식 선반과 문이 달린 수납장을 설치해서 정리정돈 하기 쉽게 했다.

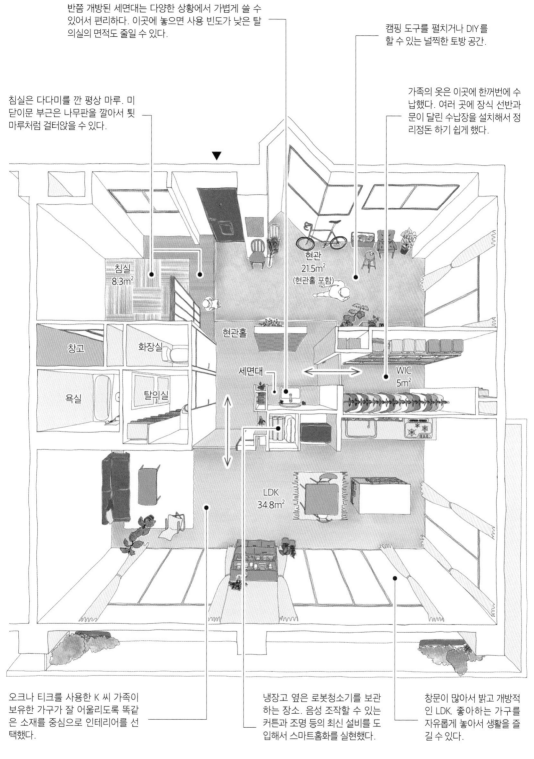

침실
8.3m²

현관
21.5m²
(현관홀 포함)

창고

화장실

현관홀

WIC
5m²

욕실

탈의실

세면대

LDK
34.8m²

오크나 티크를 사용한 K 씨 가족이 보유한 가구가 잘 어울리도록 똑같은 소재를 중심으로 인테리어를 선택했다.

냉장고 옆은 로봇청소기를 보관하는 장소. 음성 조작할 수 있는 커튼과 조명 등의 최신 설비를 도입해서 스마트홈화를 실현했다.

창문이 많아서 밝고 개방적인 LDK 좋아하는 가구를 자유롭게 놓아서 생활을 즐길 수 있다.

드립 전용
카운터가 있는
카페풍 주방

면적
56m²

원두 배전부터 즐길 정도로 U 씨 부부는 커피를 매우 좋아한다. 수집한 낡은 도구나 잡화를 바라보며 커피 타임을 즐길 수 있는 집을 바라며 아파트 리모델링을 선택했다. 주방에 설치한 타일을 깐 드립 전용 카운터에서 커피를 내리고 마음에 드는 오래된 가구와 잡화에 둘러싸여서 커피 한 모금을 음미하는 시간은 그야말로 최고로 행복한 한때다. 56m²의 작은 집이지만 현관 → WTC → 침실 → 주방을 순환할 수 있는 동선과 허리벽으로 나눈 LDK의 작업 공간, 실내창이 달린 주방 등 공간의 연결을 느낄 수 있는 아이디어가 여유 넘치는 공간을 실현했다. 일과 생활도 기분 좋은 카페 갤러리와 같은 집이다.

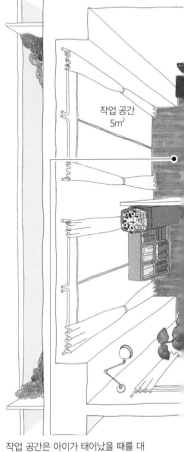

LDK의 벽은 하얗게 칠한 합판으로 마감했다. 고리를 걸면 미술 작품이나 잡화를 자유롭게 장식할 수 있다.

작업 공간
5m²

작업 공간은 아이가 태어났을 때를 대비해서 반려견이 들어가는 넓이로 계획했다. 허리벽으로 칸막이해서 시선이 탁 트여서 대화를 나누기도 쉽다.

Data

건축 연식	전유 면적	구조	공사기간	가족 구성
42년	56.16m²	SRC 구조	2개월	부부+개

리모델링 동기와 집을 선택한 결정적인 이유

마음에 든 동네에서 매물 찾기
애견과 생활하는 U 씨 부부는 전부터 새로 이사할 집 근처에 살았다. 그 동네가 마음에 든 U 씨 부부가 시험 삼아 근처에서 매물을 찾아봤더니 위치와 조망도 좋고 반려동물도 키울 수 있다는 집을 찾아서 구입을 결심했다.

낡은 도구와 잡화가 어울리는 집으로
U 씨 부부는 맨 끝에 있는 집을 구입했는데 세 방향으로 창문이 있고 아침 햇살이 쏟아지는 집이었다. 부부가 함께 재택근무를 할 수 있는 환경과 낡은 도구나 잡화 수집품을 장식할 수 있는 공간을 바라며 리모델링을 진행했다.

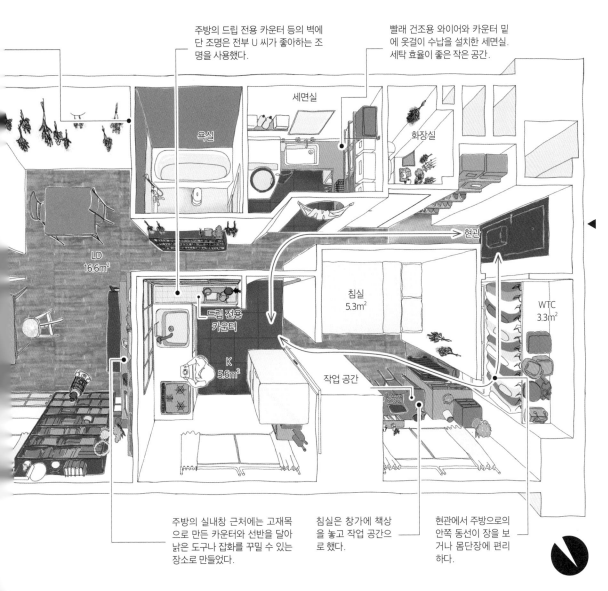

주방의 드립 전용 카운터 등의 벽에 단 조명은 전부 U 씨가 좋아하는 조명을 사용했다.

빨래 건조용 와이어와 카운터 밑에 옷걸이 수납을 설치한 세면실. 세탁 효율이 좋은 작은 공간.

세면실

욕실

화장실

현관

LD
16.6m²

침실
5.3m²

드립 전용
카운터

WTC
3.3m²

K
5.6m²

작업 공간

주방의 실내창 근처에는 고재목으로 만든 카운터와 선반을 달아 낡은 도구나 잡화를 꾸밀 수 있는 장소로 만들었다.

침실은 창가에 책상을 놓고 작업 공간으로 했다.

현관에서 주방으로의 안쪽 동선이 장을 보거나 몸단장에 편리하다.

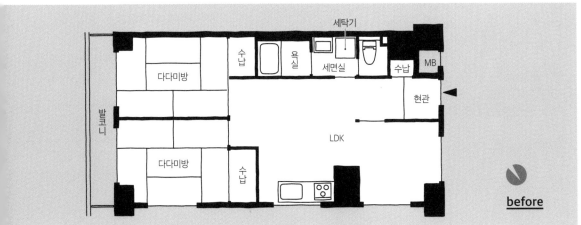

세탁기

수납

욕실

세면실

수납

MB

다다미방

현관

발코니

다다미방

LDK

수납

before

쇼케이스 같은
WIC가 보이는 집

면적
56m²

현관문에서 정면에 있는 창문까지 구조를 일관한 토방은 오래된 옷과 잡화 수집품을 수집하기 위한 WIC다. 양옆의 벽을 실내창으로 만들어서 침실이나 LDK에서도 수납물을 바라볼 수 있는 쇼케이스와 같은 공간이 완성되었다. 허리벽을 헤링본 스타일로 붙여서 마감한 주방 카운터도 U 씨 부부가 좋아하는 부분이다. WIC의 수집품을 바라보며 요리와 술을 즐긴다. 한편 '좋아하는 것을 바라보는 생활'을 완벽하게 하기 위해서 조금 높은 위치에 설치한 침실의 바닥 밑에는 보여주지 않는 수납도 확실히 확보했다. 또한 침실의 실내창을 높은 위치에 달아서 실내의 모습이 주방에서 다 보이지 않게 배려하기도 했다.

Data

건축 연식	전유 면적	구조	공사기간	가족 구성
50년	55.64m²	RC 구조	1.5개월	부부+자녀(1명)

리모델링 동기와 집을 선택한 결정적인 이유

독창적인 실내 인테리어를 한 집을 원한다
U 씨 부부가 내 집 마련을 고려한 것은 살던 월세 아파트의 재건축이 계기였다. 그러나 막상 이사할 곳을 찾기 시작하자 '월세나 신축 건물의 획일적인 내부 인테리어에 부족함을 느꼈다'고 한다. 그래서 자신만의 구조와 디자인을 실현할 수 있는 구축 아파트 리모델링을 선택했다.

쓸 수 있는 물건만 남긴다
구입한 집은 지은 지 50년이 되었다고 한다. 실내는 수리했지만 월셋집과 그다지 다를 바 없는 느낌을 주는 공간이었다. 독창적인 공간을 원한 U 씨 부부는 욕실만 기존 것을 이용하기로 하고 다른 부분은 자신들의 취향대로 바꿨다.

before

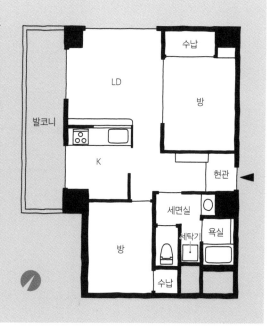

제4장 취미를 위한 리모델링

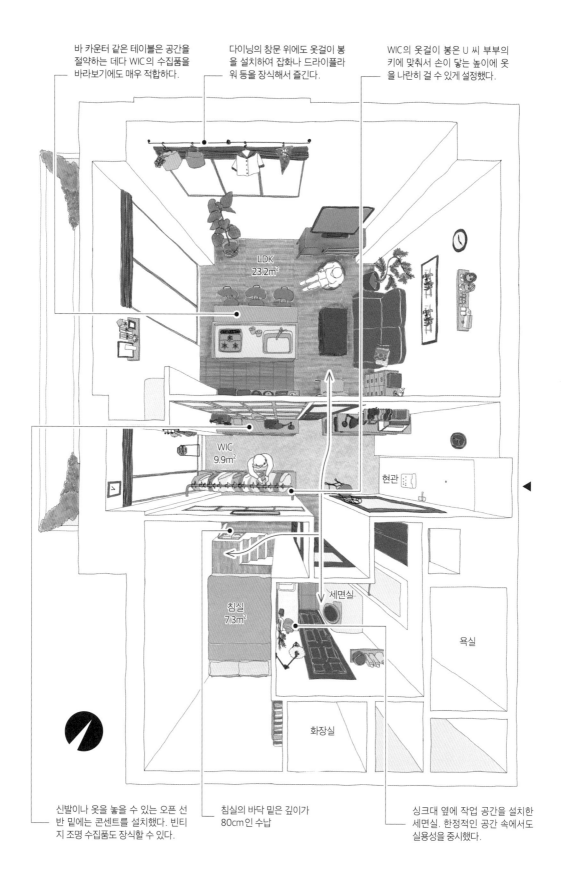

바 카운터 같은 테이블은 공간을 절약하는 데다 WIC의 수집품을 바라보기에도 매우 적합하다.

다이닝의 창문 위에도 옷걸이 봉을 설치하여 잡화나 드라이플라워 등을 장식해서 즐긴다.

WIC의 옷걸이 봉은 U 씨 부부의 키에 맞춰서 손이 닿는 높이에 옷을 나란히 걸 수 있게 설정했다.

LDK
23.2m²

WIC
9.9m²

현관

세면실

침실
7.3m²

욕실

화장실

신발이나 옷을 놓을 수 있는 오픈 선반 밑에는 콘센트를 설치했다. 빈티지 조명 수집품도 장식할 수 있다.

침실의 바닥 밑은 깊이가 80cm인 수납

싱크대 옆에 작업 공간을 설치한 세면실. 한정적인 공간 속에서도 실용성을 중시했다.

가장 공을 들여서 꾸민 오디오 룸과 욕실

면적
54 m²

'특별한 집을 만들고 싶다'며 리모델링한 W 씨는 유리를 붙인 욕실과 완전 방음 오디오 룸으로 구성한 특별한 개인 전용 공간을 완성했다. 욕실에서는 거울을 부착한 세면대와 특별 주문한 가구처럼 완성한 주방이 보인다. 프로젝터로 유리벽에 영상을 비춰서 온종일 욕조 안에서 지낼 수도 있다나? 침상이 있는 거실을 겸하는 오디오 룸은 이중 미닫이문과 삼중창으로 완전 방음화했다. 또한 창문에는 차광용 미닫이문도 달았다. 오디오 기기와 스피커의 배선은 바닥 밑이나 벽 안에 철저히 은폐하여 배선했다. 음악이나 영화는 물론 친구와 노래방 파티를 열 수 있는 특별한 공간이다. 취미에 특화된 하나뿐인 집이다.

거실의 바닥, 벽, 천장에는 두꺼운 방음재를 넣었다.

발코니 쪽의 창문은 안쪽을 이중으로 달아서 삼중창으로 만들었다. 또한 취침 시에 바깥의 빛이 들어오지 않게 벽과 같은 미닫이문도 제작했다.

Data

건축 연식	전유 면적	구조	공사기간	가족 구성
44년	54.14m²	RC 구조	3.5개월	독신

리모델링 동기와 집을 선택한 결정적인 이유

음악과 생활하고 싶다
음향기기 회사를 경영하며 예전에는 클럽 DJ도 했다는 음악 애호가 W 씨. 취미와 인테리어에 대한 애착을 반영한 집을 바라며 리모델링을 진행했다. 자산 가치를 고려한 매물 선정이 쉬운 점도 구축 아파트 리모델링을 선택한 이유였다.

특수한 구조라도 희망에 맞춰서 대대적으로 개조
정든 동네에서 찾은 54m²의 매물은 좋은 입지와 희망하는 구조에 어울리는 점이 선택을 결정했다. 연예인의 대기실 겸 메이크업 룸으로 쓰였던 특수한 구조의 집이었기 때문에 내부를 전부 바꿔서 처음부터 다시 구축했다.

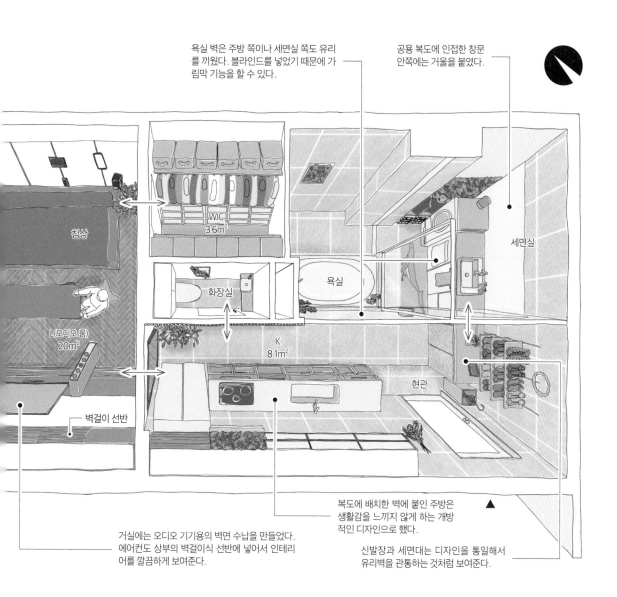

욕실 벽은 주방 쪽이나 세면실 쪽도 유리를 끼웠다. 블라인드를 넣었기 때문에 가림막 기능을 할 수 있다.

공용 복도에 인접한 창문 안쪽에는 거울을 붙였다.

침상

WIC
3.6m²

세면실

L(오디오룸)
20m²

화장실

욕실

K
8.1m²

현관

벽걸이 선반

거실에는 오디오 기기용의 벽면 수납을 만들었다. 에어컨도 상부의 벽걸이식 선반에 넣어서 인테리어를 깔끔하게 보여준다.

복도에 배치한 벽에 붙인 주방은 생활감을 느끼지 않게 하는 개방적인 디자인으로 했다.

신발장과 세면대는 디자인을 통일해서 유리벽을 관통하는 것처럼 보여준다.

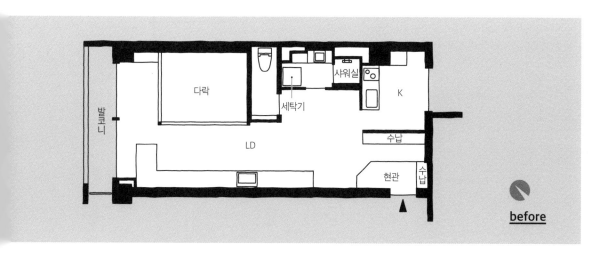

발코니

다락

세탁기

샤워실

K

LD

수납

현관

수납

before

여러 공간을 즐길 수 있는 커다란 원룸

면적
86m²

K 씨 가족은 '높은 의자가 어울리는 공간으로 만들고 싶다'는 바람에 따라 집 꾸미기를 시작했다. 그 꿈을 이룬 카운터 주방은 바깥으로 시선이 탁 트여서 기분 좋은 장소다. 옆쪽의 벽에는 좋아하는 책이나 레코드를 장식하는 선반이 늘어서 있다. 남편은 '이곳에서 밖을 바라보며 술을 마시는 시간이 매우 행복하다'고 한다. K 씨의 집은 전체를 벽과 창호로 나누지 않고 선반이나 바닥의 단차로 공간을 완만하게 구분지어서 생활공간을 많이 만들었다. 완전히 방을 나누지 않아도 카펫을 깐 침실은 호텔과 같은 안정감을 느낄 수 있는 공간으로 변신했다. 작업 공간을 갖춘 두 번째 거실은 아이가 놀거나 바닥의 단차에 앉아서 영화를 즐기는 장소가 되었다.

Data

건축 연식	전유 면적	구조	공사기간	가족 구성
10년	86.0m²	SRC 구조	2개월	부부＋자녀(1명)

리모델링 동기와 집을 선택한 결정적인 이유

입지와 유지 관리가 편한 아파트를 선택
직장으로의 접근성과 아이가 도심으로 진학할 가능성을 고려한 결과 K 씨 가족은 단독주택을 선택하는 사람이 많은 군마현에서 아파트를 구입하기로 결정했다. 지붕이나 외벽, 마당의 유지 및 보수가 힘든 단독주택에 비해 관리가 편한 점도 이유 중 하나였다. 또한 자신들의 취향을 반영한 인테리어로 집을 꾸밀 수 있다는 점도 리모델링을 선택한 계기였다.

창문이 충분히 있으며 창문 간격이 넓은 집
구입한 집은 개구부가 넓고 창문 간격이 넓어서 개방감이 뛰어나다. 3면 채광으로 통기성도 좋고 관리인이 상주해서 공용 부분을 꼼꼼하게 유지·보수한다는 점에서 선택하기로 결심했다.

before

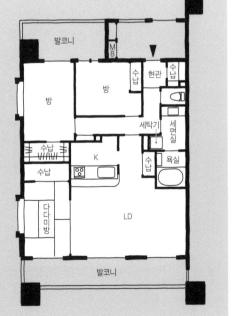

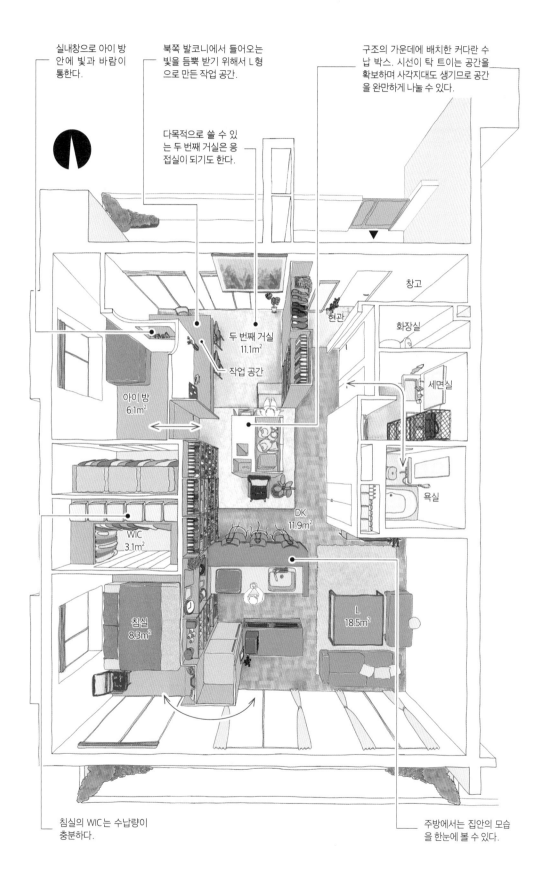

실내창으로 아이 방 안에 빛과 바람이 통한다.

북쪽 발코니에서 들어오는 빛을 듬뿍 받기 위해서 L형으로 만든 작업 공간.

구조의 가운데에 배치한 커다란 수납 박스. 시선이 탁 트이는 공간을 확보하며 사각지대도 생기므로 공간을 완만하게 나눌 수 있다.

다목적으로 쓸 수 있는 두 번째 거실은 응접실이 되기도 한다.

창고

현관

화장실

두 번째 거실
11.1m²

작업 공간

세면실

아이방
6.1m²

욕실

WIC
3.1m²

DK
11.9m²

L
18.5m²

침실
8.3m²

침실의 WIC는 수납량이 충분하다.

주방에서는 집안의 모습을 한눈에 볼 수 있다.

만화책에
둘러싸여서 지내는
매우 행복한 시간

면적
73m²

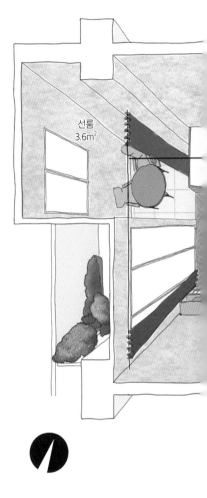

평상 마루 수납은 위에서 열고 닫는 스타일. 윗면은 비닐시트로 마감하고 유지 및 보수성과 디자인성을 조합했다.

선룸
3.6m²

T 씨 부부는 '그저 편히 쉬며 지낼 수 있는' 집을 바랐다. 이런 부부의 바람을 상징하는 공간이 만화책 전용 책장으로 빙 둘러싸여서 지낼 수 있는 원형 만화방이다. 독서용 카운터 데스크와 콘센트도 구비해 놓아서 몇 시간이든 틀어박혀 지낼 수 있을 듯하다. LDK의 한 구석에는 바닥 밑 수납을 겸한 평상 마루도 제작했다. T 씨 부부는 이곳에서 비즈 쿠션에 몸을 깊이 파묻고 편히 쉬는 시간을 좋아한다. 평상 마루에 걸터앉으면 옆쪽의 선룸에서 반주도 즐길 수 있다. 단차와 문을 최대한 없앤 것도 집을 꾸밀 때 중시한 점이다. 미닫이문을 열면 로봇청소기에게 청소를 맡길 수 있다. 빈 시간은 물론 만화책을 즐기는 아늑한 시간으로 충당한다.

Data

건축 연식	전유 면적	구조	공사기간	가족 구성
45년	73.31m²	SRC 구조	2개월	부부

리모델링 동기와 집을 선택한 결정적인 이유

구축 아파트는 입지의 선택지가 풍부하다.
T 씨 부부는 그 전까지 살았던 사택의 철거를 계기로 내 집 마련을 생각하기 시작했다. 똑같은 비용이라도 단독주택과 비교해 입지의 선택지가 많은 구축 아파트 중에서 매물 찾기를 진행하고, 공간을 마음대로 만들 수 있는 리모델링으로 집 꾸미기를 시작했다.

현지에서 보고 듣고 느끼는 매물 선정
공간의 넓이와 통풍, 채광, 소음 환경 등을 현지에서 확인해가며 매물 찾기를 진행했다. 그렇게 해서 부술 수 없는 구조벽이 실내로 튀어나온 집을 구입했지만, 햇볕도 잘 들고 면적도 만족스러웠다.

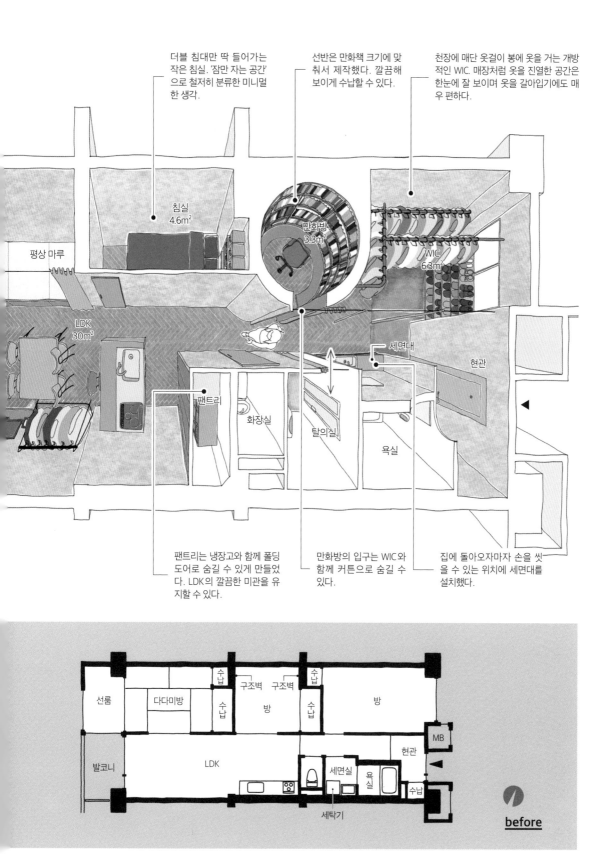

더블 침대만 딱 들어가는 작은 침실. '잠만 자는 공간'으로 철저히 분류한 미니멀한 생각.

선반은 만화책 크기에 맞춰서 제작했다. 깔끔해 보이게 수납할 수 있다.

천장에 매단 옷걸이 봉에 옷을 거는 개방적인 WIC. 매장처럼 옷을 진열한 공간은 한눈에 잘 보이며 옷을 갈아입기에도 매우 편하다.

침실
4.6m²

평상 마루

만화방
3.3m²

WIC
6.3m²

LDK
30m²

팬트리

화장실

탈의실

세면대

욕실

현관

팬트리는 냉장고와 함께 폴딩 도어로 숨길 수 있게 만들었다. LDK의 깔끔한 미관을 유지할 수 있다.

만화방의 입구는 WIC와 함께 커튼으로 숨길 수 있다.

집에 돌아오자마자 손을 씻을 수 있는 위치에 세면대를 설치했다.

선룸

다다미방

수납

수납

구조벽

구조벽

방

수납

수납

수납

방

MB

현관

발코니

LDK

세면실

욕실

수납

세탁기

before

외띤 오두막과
DJ 부스가 있는 집

면적
70m²

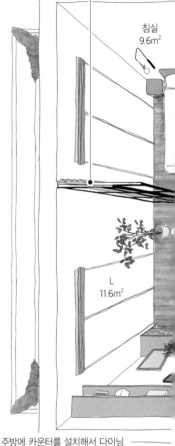

폴리카보네이트로 만든 미닫이
문은 유리보다 무게가 가볍고 잘
깨지시 않아서 어딘 아이의 생
활에도 안심할 수 있다.

침실
9.6m²

L
11.6m²

등산과 캠핑을 좋아하는 U 씨 가족은 '외딴 오두막'을 상상해서 현관 옆에 작업 공간을 만들었다. 바닥재에 발판 판자를 사용해 신발을 벗지 않아도 되는 공간은 등산하고 온 후에 옷을 갈아입거나 짐을 풀기에도 매우 편리하다. 주방 옆의 복도와 같은 공간도 사실은 취미 공간으로 사용해서 남편의 DJ 기재와 200장이 넘는 레코드를 진열해 놓았다. 한편 원목 바닥재와 목제 도어로 마감한 카페와 같은 LDK는 아내의 취미를 반영시킨 디자인이다. 침실과 거실을 나누는 검은색 테두리의 미닫이문도 인테리어의 포인트다. 투과성이 있는 폴리카보네이트를 사용해서 닫혀 있어도 개방적인 공간으로 연출했다. 아웃도어와 인도어를 철저하게 고수한 집이다.

주방에 카운터를 설치해서 다이닝
테이블을 생략했다. 소파와 테이
블을 여유롭게 배치할 수 있는 거
실을 확보했다.

Data

건축 연식	전유 면적	구조	공사기간	가족 구성
43년	69.75m²	RC 구조	2개월	부부+자녀(1명)

리모델링 동기와 집을 선택한 결정적인 이유

구축 아파트 리모델링을 알고 주택 구입을 결심했다
U 씨 부부는 몇 년 전부터 신축 아파트와 주문 주택을 검토했지만 희망하는 지역과 예산이 절충되지 않아서 내 집 마련 계획을 보류했다고 한다. 그러던 중 U 씨가 애독하던 아웃도어 패션지가 감수하는 리모델링 프로젝트의 존재를 알고 설명회에 참가했다. 예산 면에서나 감각적으로도 구축 아파트 리모델링이 자신들에게 어울린다고 느껴서 내 집 마련 계획을 다시 세웠다.

구조벽을 살린 공간 만들기
U 씨 부부는 벽식 구조의 매물을 구입했다. 부술 수 없는 구조벽이 문처럼 실내에 서 있는 구조였지만, 그곳에서 독특한 구조 만들기의 가능성을 느꼈다고 한다.

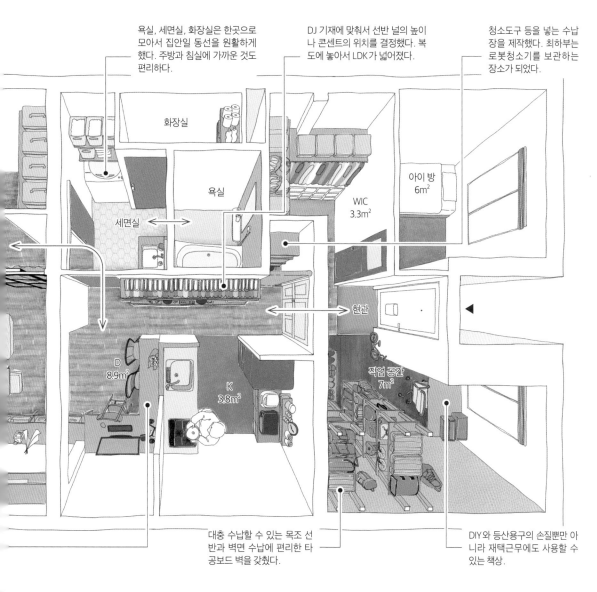

욕실, 세면실, 화장실은 한곳으로 모아서 집안일 동선을 원활하게 했다. 주방과 침실에 가까운 것도 편리하다.

DJ 기재에 맞춰서 선반 널의 높이나 콘센트의 위치를 결정했다. 복도에 놓아서 LDK가 넓어졌다.

청소도구 등을 넣는 수납장을 제작했다. 최하부는 로봇청소기를 보관하는 장소가 되었다.

화장실

욕실

세면실

아이 방
6m²

WIC
3.3m²

현관

D
8.9m²

K
3.8m²

작업 공간
7m²

대충 수납할 수 있는 목조 선반과 벽면 수납에 편리한 타공보드 벽을 갖췄다.

DIY와 등산용구의 손질뿐만 아니라 재택근무에도 사용할 수 있는 책상.

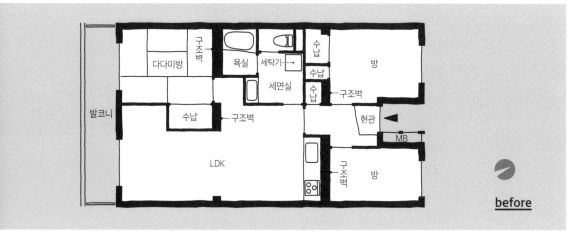

발코니

구조벽

다다미방

욕실

세탁기

수납

수납

수납

방

세면실

구조벽

수납

구조벽

현관

MB

LDK

구조벽

방

before

널찍한 LDK와
3D 작업 공간

면적
38 m²

O 씨는 손때 묻은 느낌의 목재와 철을 사용해서 인더스트리얼 분위기의 집을 만들어냈다. 38m²의 집에서 LDK를 최대한 넓게 하는 방법을 생각한 결과 WIC와 세면실을 합치기로 했다. 세탁한 의류를 욕실 건조기로 말리자마자 바로 수납할 수 있으므로 '매우 편리하다'고 한다. 넓어진 LDK의 중심에는 주방을 배치했다. 창문에서 보이는 경치와 좋아하는 공간을 바라보며 요리와 술을 즐기는 시간은 각별하다. 또 하나 O 씨의 취미를 반영한 것이 3D 프린터를 사용한 작업을 할 수 있는 현관 토방이다. LDK와 확실히 나뉘어 있기 때문에 작업에 따른 소음이나 냄새를 신경 쓸 필요는 없다. 창조적인 생활을 즐기고 있다.

Data

건축 연식	전유 면적	구조	공사기간	가족 구성
47년	38.0m²	RC 구조	2개월	독신

리모델링 동기와 집을 선택한 결정적인 이유

높은 자유도가 매력
'집세를 내기가 아까워서' 주택 구입을 결심한 O 씨는 수리만한 집과 리모델링하지 않은 집을 실제로 보러 가서 비교해 본 후, '인더스트리얼 스타일의 멋을 좋아하는 나에게는 자유롭게 리모델링하는 쪽이 어울린다'며 구축 아파트 리모델링을 진행했다.

다시 팔 때 가치를 고려한 매물 선정
지은 지 47년 된 집은 실내 인테리어와 설비기기도 건축 당시와 전혀 변함이 없었다. 입지, 가격, 조망의 삼박자가 균형을 잡았기 때문에 구입을 결정하게 됐다. 나중에 매각할 것도 고려하고, 편리성이 높은 도심 지역에 있어서 여러 역과 노선을 이용할 수 있는 입지를 선택했다.

before

제 4 장   취미를 위한 리모델링

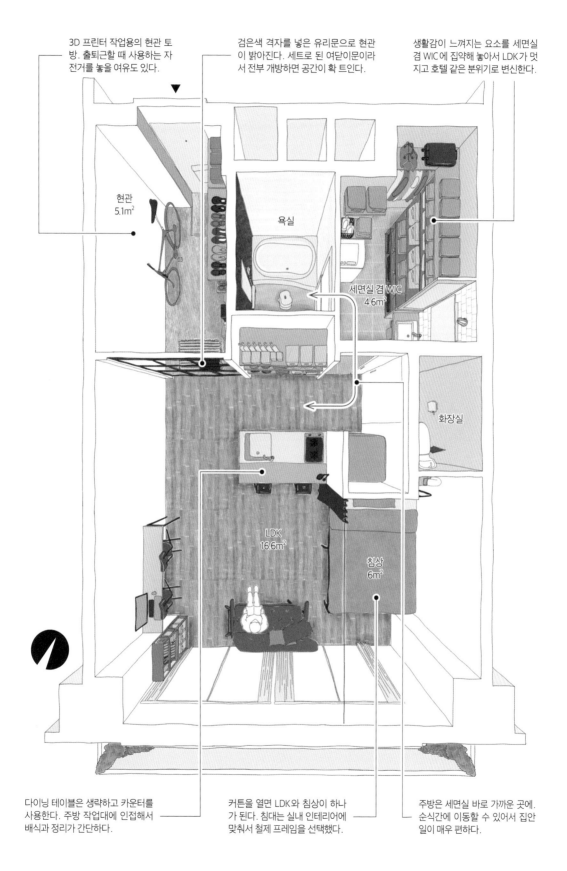

3D 프린터 작업용의 현관 토방. 출퇴근할 때 사용하는 자전거를 놓을 여유도 있다.

검은색 격자를 넣은 유리문으로 현관이 밝아진다. 세트로 된 여닫이문이라서 전부 개방하면 공간이 확 트인다.

생활감이 느껴지는 요소를 세면실 겸 WIC에 집약해 놓아서 LDK가 멋지고 호텔 같은 분위기로 변신한다.

현관
5.1m²

욕실

세면실 겸 WIC
4.6m²

화장실

LDK
16.6m²

침상
6m²

다이닝 테이블은 생략하고 카운터를 사용한다. 주방 작업대에 인접해서 배식과 정리가 간단하다.

커튼을 열면 LDK와 침상이 하나가 된다. 침대는 실내 인테리어에 맞춰서 철제 프레임을 선택했다.

주방은 세면실 바로 가까운 곳에. 순식간에 이동할 수 있어서 집안일이 매우 편하다.

게임, 만화책, 영화, 모든 걸 즐기는 엔터테인먼트 공간

면적
62 m²

E 씨 부부의 집은 충분한 수납을 갖춘 뒤쪽 동선과 개방적인 세면대와 침실을 통하는 앞쪽 동선으로 집안을 빙글빙글 순환할 수 있다. 뒤쪽 동선의 창고에는 취미인 아웃도어 용품과 만화책을 진열했다. LDK의 벽 쪽에는 만화책을 읽기 위한 벤치와 부부가 나란히 온라인 게임을 즐길 수 있도록 모니터 2대를 놓을 수 있는 TV 보드를 만들었다. 앞쪽 동선의 세면대는 리조트 호텔을 연상한 개방적이고 여유로운 공간이다. 프로젝터로 복도의 벽에 영상을 비추면 침대 위에서 영화 감상을 즐길 수 있다. 조명, TV, 에어컨, 로봇청소기 등을 음성으로 조작할 수 있는 스마트홈도 도입했다. 집에 있는 시간을 완벽하게 즐기는 장치가 가득하다.

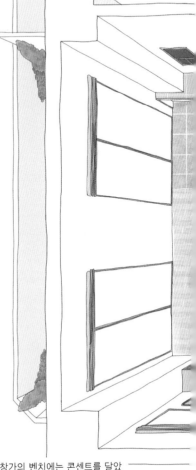

요리하는 중에도 TV를 볼 수 있도록 주방은 대면형으로 만들었다. 상판이 넓고 수납량도 충분한 시스템 주방을 채용했다.

창가의 벤치에는 콘센트를 달았다. 스마트폰을 충전하며 오랜 시간 쉬기 위한 사소한 아이디어.

Data

건축 연식	전유 면적	구조	공사기간	가족 구성
26년	62.0m²	RC 구조	2.5개월	부부

리모델링 동기와 집을 선택한 결정적인 이유

10년 전부터 느낀 불만을 떨쳐내고 싶다
E 씨 부부는 지은 지 10년이 된 아파트를 구입한 후 16년을 생활한 자택을 리모델링했다. 리모델링을 하기 전에는 집에 대해 주로 '세면실이 좁다', '각 방에 분산된 수납을 사용하기 불편하다', '창고가 되어버린 방을 효율적으로 활용하고 싶다'는 불만을 느꼈다.

똑같은 공간에서 취미를 즐기고 싶다
E 씨 부부의 취미는 온라인 게임이다. 리모델링하기 전의 집에서는 TV 2대를 놓을 수 있는 공간이 없어서 각각 다른 방으로 갈라져서 놀았다. 쾌적한 수납 계획과 세면 공간에 더해서 부부가 함께 취미를 즐길 수 있는 공간도 만들어 달라고 요청했다.

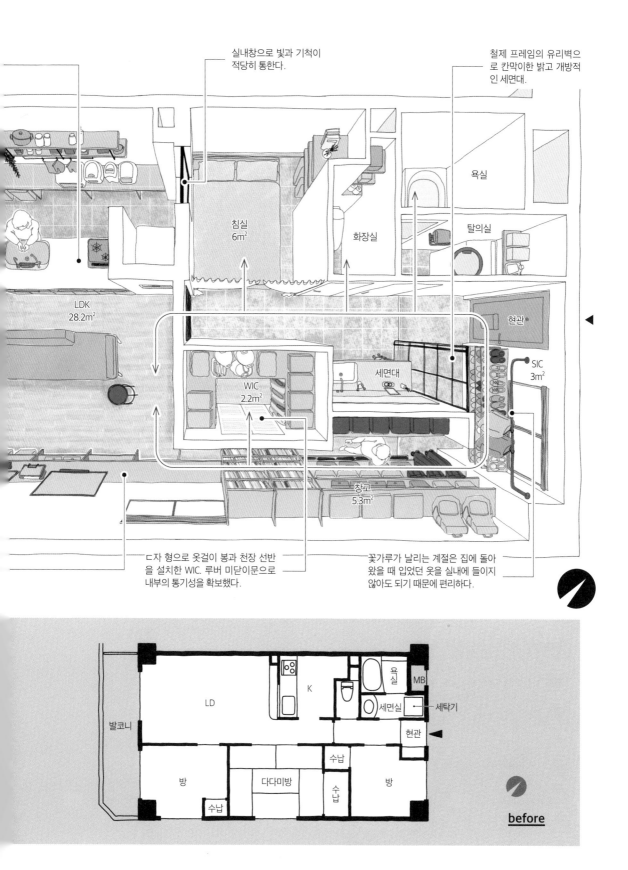

실내창으로 빛과 기척이
적당히 통한다.

철제 프레임의 유리벽으
로 칸막이한 밝고 개방적
인 세면대.

LDK
28.2m²

침실
6m²

화장실

욕실

탈의실

현관

WIC
2.2m²

세면대

SIC
3m²

창고
5.3m²

ㄷ자 형으로 옷걸이 봉과 천장 선반
을 설치한 WIC. 루버 미닫이문으로
내부의 통기성을 확보했다.

꽃가루가 날리는 계절은 집에 돌아
왔을 때 입었던 옷을 실내에 들이지
않아도 되기 때문에 편리하다.

발코니

LD

K

욕실

MB

세면실

세탁기

현관

방

다다미방

수납

수납

수납

방

before

97

기분이 좋아지는
주방과 운동 공간

면적
53m²

M 씨와 H 씨의 취향을 반영하여 콘크리트와 월넛 목재를 사용해 딱딱함 속에서도 고급스러움이 감도는 공간을 연출했다. 53m²의 집 중심에서 존재감을 드러내는 주방은 좋아하는 제조사의 아일랜드 주방을 사용했다. 중후한 소재로 마감한 다이닝 바와 같은 주방에서 날마다 요리를 즐긴다. 주방의 맞은편에는 재택근무와 근력운동을 할 수 있는 자유 공간을 배치했다. 카운터 데스크를 줄여서 팔을 벌려 운동할 수 있는 넓이를 확보했다. 많은 식물을 꾸밀 수 있는 내부 테라스는 생활에 윤택함을 더해준다. 취미를 전면에 내세운 독특한 집이다.

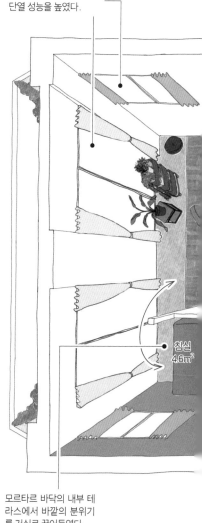

창문을 이중 새시로 해서 단열 성능을 높였다.

침실
4.6m²

모르타르 바닥의 내부 테라스에서 바깥의 분위기를 거실로 끌어들였다.

Data

건축 연식	전유 면적	구조	공사기간	가족 구성
49년	53.46m²	SRC 구조	2.5개월	커플

리모델링 동기와 집을 선택한 결정적인 이유

입지와 자산성도 고려하고 싶다
H 씨와 둘이 살기 위한 집을 꾸미기 시작한 M 씨는 나중에 이사하는 것도 가정해서 입지의 선택지가 많고 자산성이 안정적인 구축 아파트를 희망했다. 구조나 실내 인테리어는 물론 리모델링을 전제로 했다.

유명 건축가가 설계한 구축 아파트
자산성과 나중에 임대로 내놓기 좋은 점을 고려해서 유명 건축가가 설계한 아파트를 선택했다. 방이 2개인 매물은 도심에 잘 나오는 노선 주변 역에서 도보로 2분이 걸리는 좋은 입지였다. 원래 욕실 둘레가 블록 벽으로 에워싸인 구조였기 때문에 비용과의 균형을 생각해, 이를 살려가며 리모델링했다.

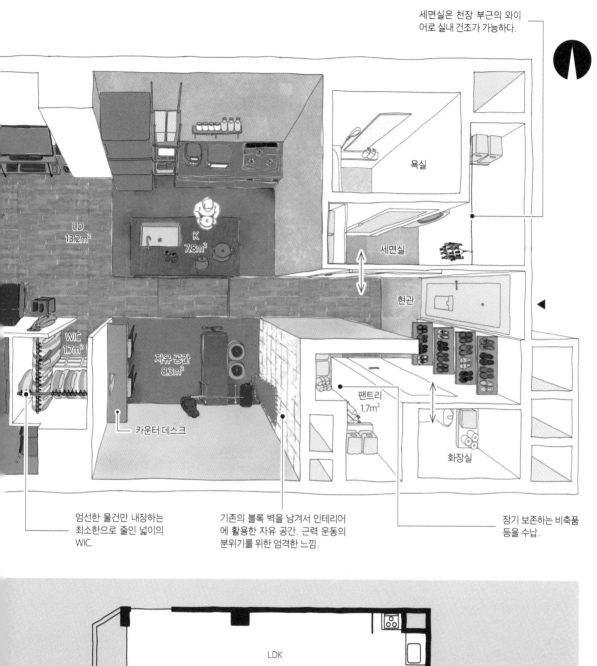

세면실은 천장 부근의 와이어로 실내 건조가 가능하다.

LD
13.2m²

K
7.8m²

욕실

세면실

현관

WIC
1.7m²

자유 공간
8.3m²

카운터 데스크

팬트리
1.7m²

화장실

엄선한 물건만 내장하는 최소한으로 줄인 넓이의 WIC.

기존의 블록 벽을 남겨서 인테리어에 활용한 자유 공간. 근력 운동의 분위기를 위한 엄격한 느낌.

장기 보존하는 비축품 등을 수납.

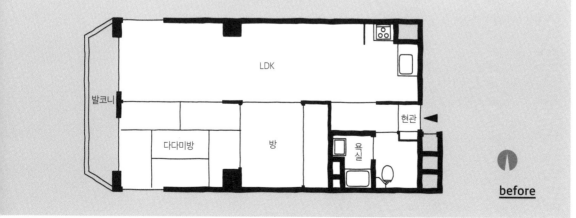

발코니

LDK

다다미방

방

현관

욕실

<u>before</u>

제 **5** 장

손님 초대를
위한
리모델링

친구가 모이는
정돈된 원룸

면적
39 m²

39m²의 아파트를 구입한 O 씨는 홈파티를 할 수 있는 원룸 공간으로 리모델링했다. 주방, 냉장고, 세탁기를 전부 벽 쪽에 배치하거나 창가에 벤치 겸 수납 선반을 제작해서 한정적인 공간을 넓게 사용할 수 있게 만들었다. 이 집에 한 번에 15명이 넘는 손님을 부른 적도 있다고 한다. 욕실은 과감히 앞으로 나오게 해서 현관에서 거실이 전부 보이지 않게 했다. 이렇게 해서 생긴 복도의 벽 쪽에 의류 수납을 설치해서 대용량 WTC를 완성했다. 커튼으로 만든 가림막은 열고 닫기 쉽고 손님을 초대할 때 필수적인 '청소 편의성'도 실현했다. 정리하기 편한 공간 덕분에 평소의 생활도 쾌적하다.

Data

건축 연식	전유 면적	구조	공사기간	가족 구성
43년	39.1m²	SRC 구조	2개월	독신

리모델링 동기와 집을 선택한 결정적인 이유

'주택을 재사용한다'는 생각에 마음이 끌렸다
O 씨는 '그냥 내기만 하는 집세'가 아깝게 느껴져서 '집세를 자산으로 바꾸겠다'는 생각으로 주택을 구입했다. 원래 '재활용'이라는 문화를 좋아했고 신축과 비교해 자산성이 안정적이라는 점에서 구축 아파트 리모델링을 선택했다.

이사할 것을 전제로 매물 선정
O 씨가 집을 구입할 당시에는 독신이었다. 결혼 후에 이사할 가능성도 고려해서 매각이나 임대로 내놓기 좋은 입지를 첫 번째 조건으로 하여, 신주쿠나 시부야로도 쉽게 접근할 수 있는 장소에 있는 역 근처의 매물을 선택했다.

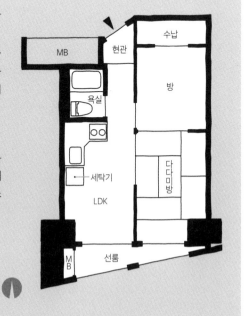

before

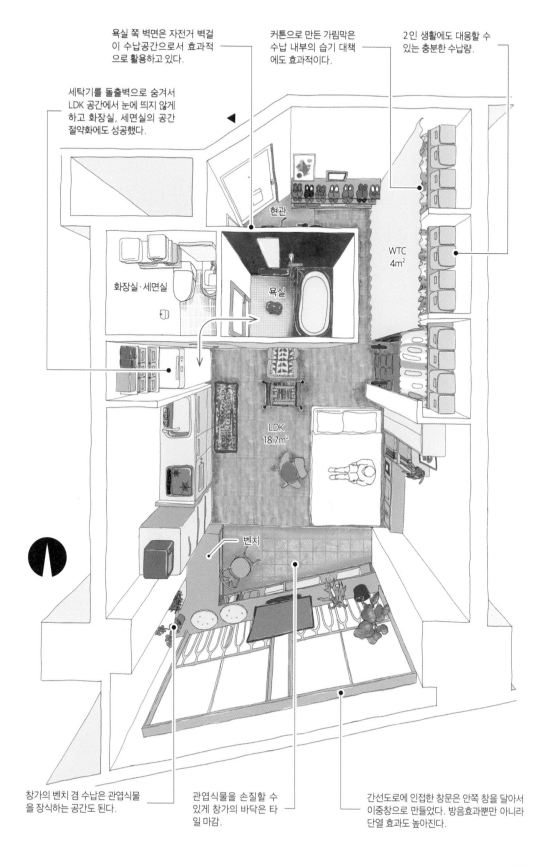

욕실 쪽 벽면은 자전거 벽걸이 수납공간으로서 효과적으로 활용하고 있다.

커튼으로 만든 가림막은 수납 내부의 습기 대책에도 효과적이다.

2인 생활에도 대응할 수 있는 충분한 수납량.

세탁기를 돌출벽으로 숨겨서 LDK 공간에서 눈에 띄지 않게 하고 화장실, 세면실의 공간 절약화에도 성공했다.

현관

화장실·세면실

욕실

WTC
4m²

LDK
18.7m²

벤치

창가의 벤치 겸 수납은 관엽식물을 장식하는 공간도 된다.

관엽식물을 손질할 수 있게 창가의 바닥은 타일 마감.

간선도로에 인접한 창문은 안쪽 창을 달아서 이중창으로 만들었다. 방음효과뿐만 아니라 단열 효과도 높아진다.

손님 동선과
가족 동선으로
모두가 쾌적한 집

면적
56㎡

다이닝과 복도 두 방향에서 드나들 수 있는 주방. 출입구를 통해서 발코니의 빛이 현관까지 들어온다.

벤치

Y 씨는 '이 집에 살면서 사람을 초대하는 일이 늘었다'고 한다. 56㎡의 소형 아파트지만 세면실과 욕실의 주위를 돌 수 있는 순환 동선 덕택에 손님이 왔을 때나 평소의 생활도 쾌적하게 지낼 수 있다. 침실로 이어지는 위쪽 동선은 몸단장이나 귀가 후의 옷 갈아입기에도 편리하다. 한편 LDK로 직결되는 앞쪽 동선은 손님용의 공유 동선이다. 토방을 안쪽까지 끌어들인 긴 복도가 료칸과 같이 대접하는 느낌을 연출한다. 복도의 벽면에는 데스크를 설치해서 평소에는 작업 공간으로도 쓸 수 있게 했다. 널찍한 LDK의 창가에는 발코니와 실내의 단차를 이용해 벤치를 제작했다. 순환 동선을 살려 공간을 만든 덕에 실제보다 더 넓은 느낌을 준다.

장지문은 인테리어로는 물론 공간의 단열 성능을 높이는 효과도 있다.

Data

건축 연식	전유 면적	구조	공사기간	가족 구성
35년	56.0㎡	RC 구조	2개월	부부 + 자녀(1명)

리모델링 동기와 집을 선택한 결정적인 이유

입지가 마음에 든 분양 임대를 구입
Y 씨 가족이 리모델링한 매물은 월세로 살았던 집이다. 입지가 마음에 들었기 때문에 집주인이 바뀌었다는 연락을 받은 것을 계기로 '내가 구입할 수 없을까?'라고 생각했고, 밑져야 본전이라는 마음으로 집주인과 협상했다. 긍정적인 답을 얻었고 금액이나 매물의 자산성도 괜찮았기 때문에 구입을 결심했다.

불만점을 개선해가며 더욱 살기 좋게
원래 살았던 집이기도 해서 Y 씨는 '좁고 사용하기 불편한 거실', '발코니에 드나들기 불편한 창가' 등 개선하고 싶은 점이 명확했다. 그런 점을 해결하며 '순환 동선의 원룸', '나중에 구조를 바꿀 수 있다'는 바람도 실현할 수 있는 리모델링을 실시했다.

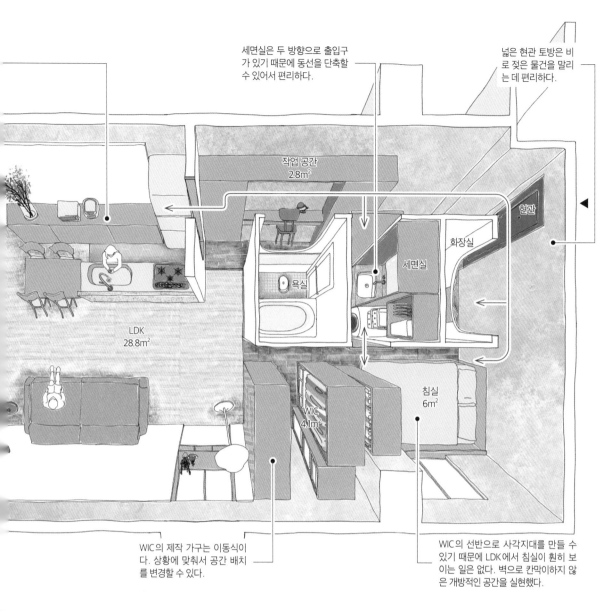

세면실은 두 방향으로 출입구
가 있기 때문에 동선을 단축할
수 있어서 편리하다.

넓은 현관 토방은 비
로 젖은 물건을 말리
는 데 편리하다.

작업 공간
2.8m²

현관

화장실

세면실

욕실

LDK
28.8m²

WIC
4.1m²

침실
6m²

WIC의 제작 가구는 이동식이
다. 상황에 맞춰서 공간 배치
를 변경할 수 있다.

WIC의 선반으로 사각지대를 만들 수
있기 때문에 LDK에서 침실이 훤히 보
이는 일은 없다. 벽으로 칸막이하지 않
은 개방적인 공간을 실현했다.

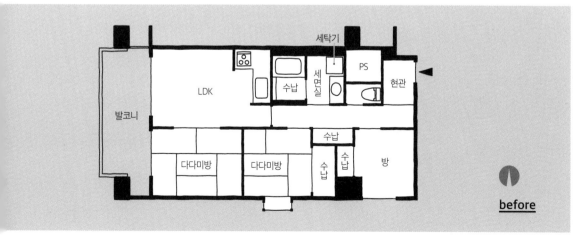

세탁기

수납

세면실

PS

현관

LDK

발코니

다다미방

다다미방

수납

수납

수납

방

before

바 느낌의 주방에서
야경과 술을 만끽한다

면적
49 m²

K 씨는 '친구와 야경을 보며 음주를 즐기고 싶다'는 마음에 리모델링했다. 현관을 들어서면 넓은 홀 앞에 멋진 카운터 주방과 높은 곳에서 바라보는 뛰어난 전망이 눈앞에 나타난다. 카운터가 높은 주방은 바텐더 경험이 있는 K 씨가 솜씨를 발휘한 무대이기도 하다. 침실과 LDK의 칸막이벽은 바탕재로 쓰이는 OSB 판재와 목제 창문으로 제작했다. 콘크리트 벽과 천장, 진갈색으로 페인트칠한 나무문과 카운터 상판 등과 함께 투박하고 빈티지한 공간으로 완성했다. 이 집에 살기 시작한 후로 요리할 기회나 영화와 음악을 즐기는 시간이 늘었다고 한다. 비일상적인 느낌이 손님이나 집주인에게도 기분 좋은 사례.

Data

건축 연식	전유 면적	구조	공사기간	가족 구성
29년	48.8m²	RC 구조	2개월	독신

리모델링 동기와 집을 선택한 결정적인 이유

자신만을 위한 공간 만들기를 즐긴다
'혼자 살면서 자유로운 생활을 즐겨 보고 싶다'는 K 씨는 구축 아파트 리모델링을 통해 자신이 좋아하는 집으로 꾸몄다. 구축 아파트를 선택한 이유는 신축과 비교해서 가격이 적당하고 자산성이 안정적이었기 때문이다.

높은 곳에서 전망을 만끽할 수 있는 구조
이 집은 높은 지대에 지은 아파트에서만 볼 수 있는 조망이 매력적이었다. 원래는 세세하게 구분한 폐쇄적인 구조였기 때문에 조망을 살리는 공간 만들기를 주제로 삼았다.

before

발코니

방

LDK

발코니

현관

욕실

세탁기

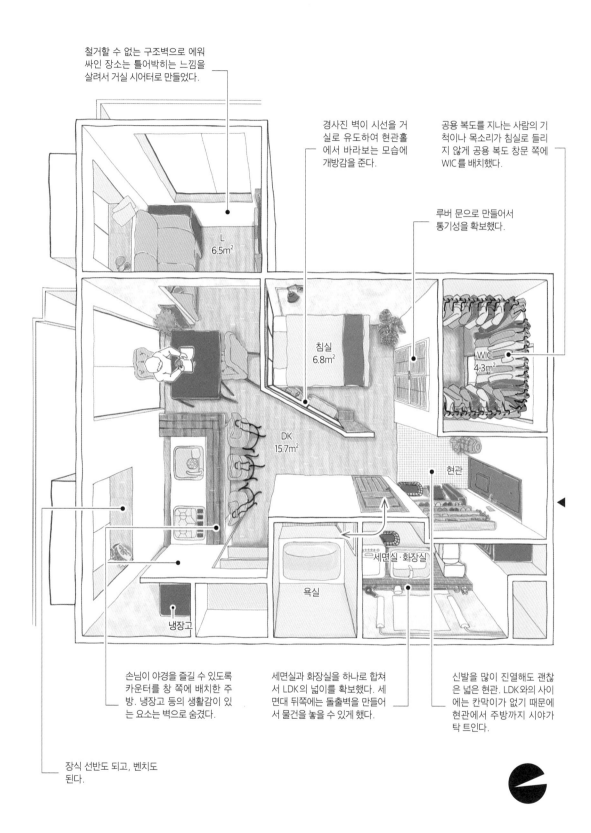

철거할 수 없는 구조벽으로 에워
싸인 장소는 틀어박히는 느낌을
살려서 거실 시어터로 만들었다.

경사진 벽이 시선을 거
실로 유도하여 현관홀
에서 바라보는 모습에
개방감을 준다.

공용 복도를 지나는 사람의 기
척이나 목소리가 침실로 들리
지 않게 공용 복도 창문 쪽에
WIC를 배치했다.

루버 문으로 만들어서
통기성을 확보했다.

L
6.5m²

침실
6.8m²

WIC
4.3m²

DK
15.7m²

현관

세면실·화장실

욕실

냉장고

손님이 야경을 즐길 수 있도록
카운터를 창 쪽에 배치한 주
방. 냉장고 등의 생활감이 있
는 요소는 벽으로 숨겼다.

세면실과 화장실을 하나로 합쳐
서 LDK의 넓이를 확보했다. 세
면대 뒤쪽에는 돌출벽을 만들어
서 물건을 놓을 수 있게 했다.

신발을 많이 진열해도 괜찮
은 넓은 현관. LDK와의 사이
에는 칸막이가 없기 때문에
현관에서 주방까지 시야가
탁 트인다.

장식 선반도 되고, 벤치도
된다.

많은 손님과
생활의 변화도
받아들이는 큰 공간

면적
70㎡

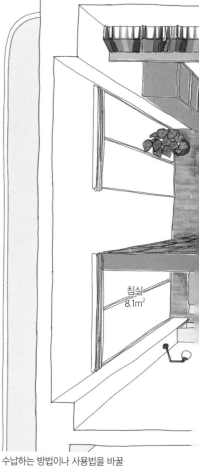

작업대 배치를 바꾸고 싶을 때는 미끄럼 방지 장치를 풀면 움직일 수 있다.

침실
8.1㎡

S 씨 가족은 홈파티를 할 수 있을 정도로 넓고 가변성이 있는 공간을 추구했다. 그래서 70㎡의 집을 현관부터 모조리 원룸으로 리모델링했다. 폐쇄된 장소는 욕실과 화장실뿐이다. WTC의 출입구에 창호는 달지 않았다. 침실도 가구와 커튼으로 칸막이만 했다. 벽면 수납 등을 만들지 않아서 가구 배치로 공간의 사용법을 자유롭게 바꿀 수 있게 했다. LDK의 중심에 놓인 작업대는 이동식이며 피자 도우를 반죽하거나 바처럼 술을 마시는 등 목적에 맞춰서 유연하게 사용할 수 있다. 봄에는 창밖으로 보이는 인접한 땅의 벚꽃을 바라보며 꽃놀이를 한단다. S 씨 가족의 생활에 맞춰서 앞으로 이 집이 어떻게 달라질 것인지 기대된다.

수납하는 방법이나 사용법을 바꿀 수 있게 WTC에는 붙박이 수납장 등은 설치하지 않았다.

Data

건축 연식	전유 면적	구조	공사기간	가족 구성
41년	70.4㎡	SRC 구조	1.5개월	부부+자녀(1명)

리모델링 동기와 집을 선택한 결정적인 이유

균형 잡힌 주택 취득 방법
'자신들이 실제로 느끼는 분위기에 어울리는 주거 환경을 확보하고 싶다'는 S 씨는 이상적인 공간 만들기, 업무와 육아에 편리한 환경, 매각이나 임대로 내놓기 좋은 자산, 모든 것을 균형 있게 충족시키는 방법으로 구축 아파트 리모델링을 선택했다.

큰 공간을 실현할 수 있는지 러프 평면도를 그려서 검토
S 씨는 2면 채광, 3면 발코니를 갖춘 맨 끝에 있는 집을 구입했다. 인접한 땅의 나무들이 풍부한 매물이었다. 처음부터 칸막이벽이 없는 대공간을 상상한 S 씨는 러프 평면도를 그려서 실현 가능성을 검토한 후 구입을 결정했다. 지은 지 오래되었지만 내진기준 적합 증명을 받은 점도 구입의 계기였다.

제5장   손님 초대를 위한 리모델링

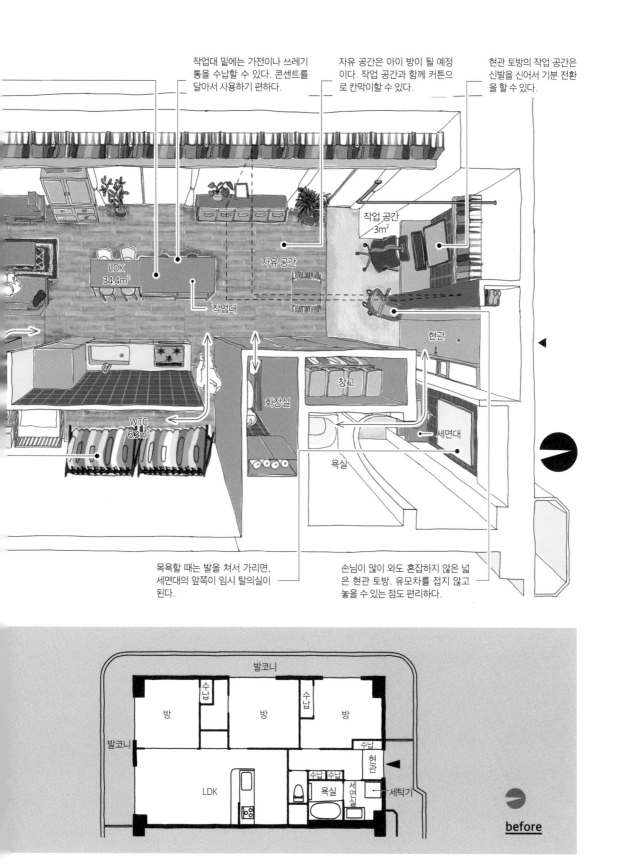

작업대 밑에는 가전이나 쓰레기 통을 수납할 수 있다. 콘센트를 달아서 사용하기 편하다.

자유 공간은 아이 방이 될 예정 이다. 작업 공간과 함께 커튼으로 칸막이할 수 있다.

현관 토방의 작업 공간은 신발을 신어서 기분 전환을 할 수 있다.

작업 공간 3m²

LDK 34.4m²

자유 공간

작업대

현관

창고

화장실

세면대

WTC 6.3m²

욕실

목욕할 때는 발을 쳐서 가리면, 세면대의 앞쪽이 임시 탈의실이 된다.

손님이 많이 와도 혼잡하지 않은 넓은 현관 토방. 유모차를 접지 않고 놓을 수 있는 점도 편리하다.

발코니

수납

방

수납

방

수납

방

발코니

수납

현관

LDK

수납 수납

욕실

세면실

세탁기

before

일상과 비일상을 함께 즐기는 숙박할 수 있는 레스토랑

면적
89 m²

S 씨 부부는 '숙박할 수 있는 레스토랑'을 주제로 집을 꾸몄다. 주방 카운터는 6개의 의자를 나란히 놓을 수 있는 넓이다. 동쪽 창가에는 와인 셀러를 갖춘 바 코너와 벤치를 제작해서 많은 손님을 초대해 홈파티를 할 수 있는 LDK를 만들었다. 생활감이 드러나기 쉬운 비축용 일용품은 화장실로 이어지는 백야드에 수납한다. 사용 빈도가 높은 WIC도 독립시켜서 침실은 수납을 생략하고 호텔 같은 공간으로 만들었다. 또한 LDK의 조명은 리모컨으로 조작할 수 있는 스마트 조명을 사용했다. 기분에 따라 색과 밝기를 바꿀 수 있는 공간은 휴일이 다른 부부가 함께 지내는 저녁 시간도 여유롭게 연출해준다.

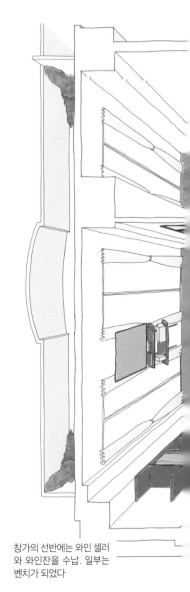

창가의 선반에는 와인 셀러와 와인잔을 수납. 일부는 벤치가 되었다

Data

건축 연식	전유 면적	구조	공사기간	가족 구성
39년	89.37m²	SRC 구조	2.5개월	부부+자녀(1명)

리모델링 동기와 집을 선택한 결정적인 이유

여러 매물을 비교해서 양보할 수 없는 조건을 명확히 한다
S 씨 가족은 신축 임대 아파트에서 구축 아파트를 리모델링한 자기 집으로 이사했다. 여러 매물을 실제로 보고 확인해서 '넓이'와 '조망'이 자신들에게 양보할 수 없는 조건이라는 점이 명확해졌다. 그 결과 가장 넓고 창문에서 바라보는 경치가 탁 트인 이 집을 선택했다.

넓이를 중시해서 교외의 매물을 선택
여유롭게 생활할 수 있는 넓이를 바라며 교외에 있는 약 90m²의 맨 끝 쪽 집을 구입했다. 주방의 배치나 세밀하게 나뉜 방의 분할을 정리하면 더욱 개방적인 LDK를 실현할 수 있을 것 같았다. 3면 채광을 살린 바람이 잘 통하는 구조로 만드는 것에도 중점을 두었다.

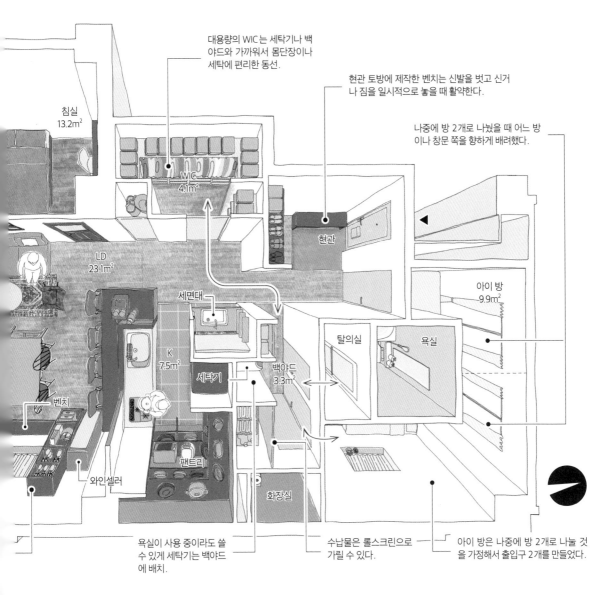

대용량의 WIC 는 세탁기나 백
야드와 가까워서 몸단장이나
세탁에 편리한 동선.

현관 토방에 제작한 벤치는 신발을 벗고 신거
나 짐을 일시적으로 놓을 때 활약한다.

나중에 방 2개로 나눴을 때 어느 방
이나 창문 쪽을 향하게 배려했다.

침실
13.2m²

WIC
4.1m²

현관

LD
23.1m²

아이 방
9.9m²

세면대

K
7.5m²

탈의실

욕실

세탁기

백야드
3.3m²

벤치

파이셀러

팬트리

화장실

욕실이 사용 중이라도 쓸
수 있게 세탁기는 백야드
에 배치.

수납물은 롤스크린으로
가릴 수 있다.

아이 방은 나중에 방 2개로 나눌 것
을 가정해서 출입구 2개를 만들었다.

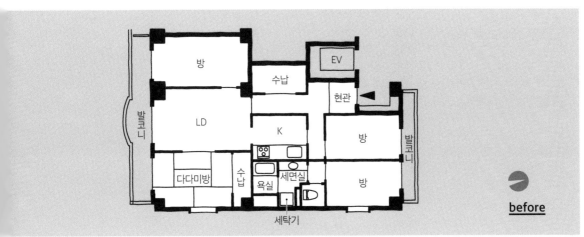

방

수납

EV

현관

발코니

LD

K

방

발코니

다다미방

수납

세면실

욕실

방

세탁기

before

111

카운터에서
친구와 함께
요리를 즐기는 홈바

면적
66㎡

요리를 좋아하는 I 씨 부부가 리모델링한 집의 핵심은 손님과 대화하며 요리할 수 있는 L형 카운터 주방이다. 단골 술집과 똑같은 높이의 카운터는 서서 술을 마시기에도 매우 적합하다. 주방 안쪽에는 취미인 훈제요리를 할 수 있는 조리장을 배치했다. 훈제기용 배기 설비를 갖춘 공간이다. 거실의 창가에는 느긋하게 앉을 수 있는 벤치를 제작했다. 반려묘의 화장실과 장난감을 내부에 수납할 수 있기 때문에 공간을 깔끔하게 유지할 수 있다. 복도에 배치한 세면대는 손님이 손을 씻기 편할 뿐만 아니라 물 쓰는 공간의 생활감을 숨기기에도 한몫한다. '이 집에 살며 집에서 식사할 기회가 늘었다'는 남편은 홈바를 즐기고 있다.

Data

건축 연식	전유 면적	구조	공사기간	가족 구성
36년	65.59㎡	RC 구조	2.5개월	부부 + 고양이(2마리)

리모델링 동기와 집을 선택한 결정적인 이유

자산으로 남는 집을 선택
고양이 두 마리를 가족으로 맞아 집이 협소해져서 I 씨 부부는 이사를 고려했다. 월세로 넓은 집을 찾다가 자산으로 집을 갖는 것을 생각해서 주택을 구입하기에 이르렀다. TV 프로그램을 보다가 구축 아파트 리모델링을 알게 되었다. 자신이 원하는 구조나 실내 인테리어로 바꿀 수 있는 점에 마음이 끌렸다.

안정감이 있는 저층 아파트
좋아하는 거리에 버스로 갈 수 있고 안정적인 주변 환경, 아파트의 분위기가 마음에 들어서 결심한 매물은 총 세대 수가 적은 저층 아파트였다. 거실 둘레의 벽을 부술 수 없는 구조벽이었기 때문에 리모델링을 할 때 아이디어가 필요했다.

before

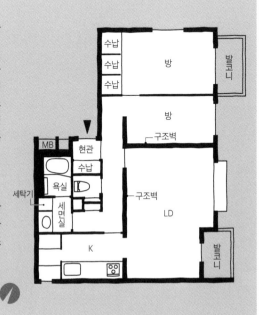

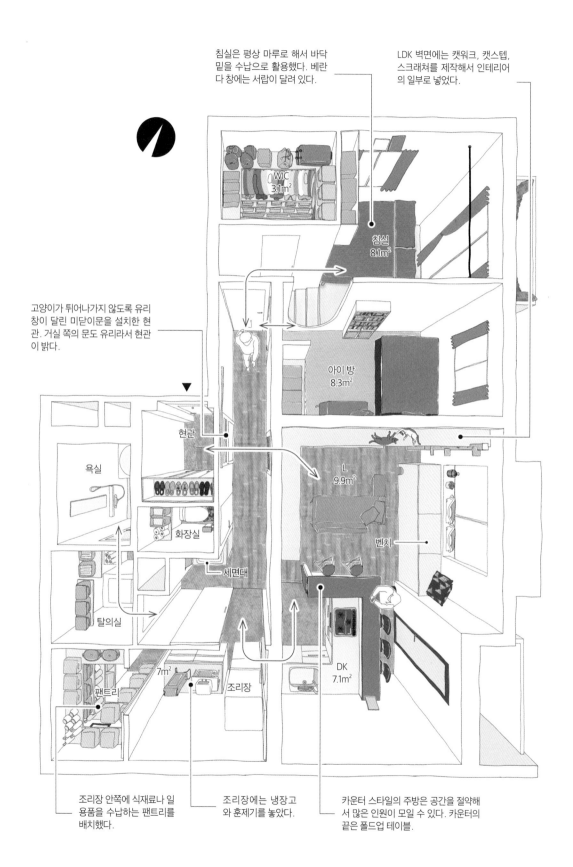

침실은 평상 마루로 해서 바닥 밑을 수납으로 활용했다. 베란다 창에는 서랍이 달려 있다.

LDK 벽면에는 캣워크, 캣스텝, 스크래처를 제작해서 인테리어의 일부로 넣었다.

고양이가 튀어나가지 않도록 유리창이 달린 미닫이문을 설치한 현관. 거실 쪽의 문도 유리라서 현관이 밝다.

WIC
3.1m²

침실
8.1m²

아이 방
8.3m²

현관

욕실

화장실

L
9.9m²

세면대

벤치

탈의실

7m²

팬트리

조리장

DK
7.1m²

조리장 안쪽에 식재료나 일용품을 수납하는 팬트리를 배치했다.

조리장에는 냉장고와 훈제기를 놓았다.

카운터 스타일의 주방은 공간을 절약해서 많은 인원이 모일 수 있다. 카운터의 끝은 폴드업 테이블.

파티가 가능한 거실과 휴식할 수 있는 현관이 사람을 부르는 집

면적
90㎡

N 씨 부부는 자녀의 독립을 계기로 자택을 리모델링했다. 삼나무로 만든 카운터를 채용한 다이닝 바와 같은 주방에서 술을 즐기거나 다다미로 된 평상 마루에서 마작을 하는 등 친구를 초대해서 즐길 수 있는 장난기 가득한 LDK를 실현했다. 집의 중심에 배치한 창고를 겸하는 WTC는 많은 손님을 초대하기 좋은 깔끔한 공간으로 만들어냈다. 대량의 책과 서류, 의복 등을 이곳에 수납해서 관리하고 정돈하기도 쉬운 집이 완성되었다. 사람을 불러 모으는 장치는 또 하나 있다. 바로 벤치가 있는 넓은 현관 토방이다. 집에 온 이웃이나 친구와 이곳에 앉아서 가볍게 떠들 수 있는 휴식 공간이다. 사람과의 교류를 소중히 생각한 활기찬 노후를 보낼 수 있는 집이다.

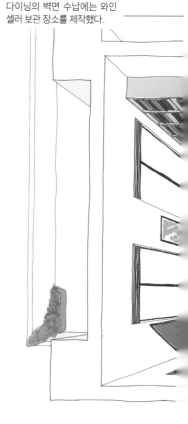

다이닝의 벽면 수납에는 와인 셀러 보관 장소를 제작했다.

손님용 이불 등은 바닥 밑에 수납한다.

일본식 난방기구 판 코타츠가 달린 다다미로 된 된 평상 마루. 장지문을 닫으면 게스트룸도 된다.

Data

건축 연식	전유 면적	구조	공사기간	가족 구성
21년	90.0㎡	SRC 구조	2.5개월	부부

리모델링 동기와 집을 선택한 결정적인 이유

노후를 친구와 즐겁게 보내고 싶다
자녀가 독립하고 둘이서만 지내던 N 씨 부부는 '좋아하는 것에 둘러싸인 공간에서 친한 친구와 식사나 음주를 즐기는 생활을 보내고 싶다'며 리모델링을 실시했다.

기존 구조를 부부 둘이 생활하는 사양으로 바꿨다
자녀와 살았을 때는 딱 알맞았던 구조도 부부끼리 생활하게 된 후 방은 남아돌지만 LDK에 물건이 넘치는 상황이었다. 멋진 현관과 LDK 외에도 청소하기 편한 수납도 만들어달라고 했다.

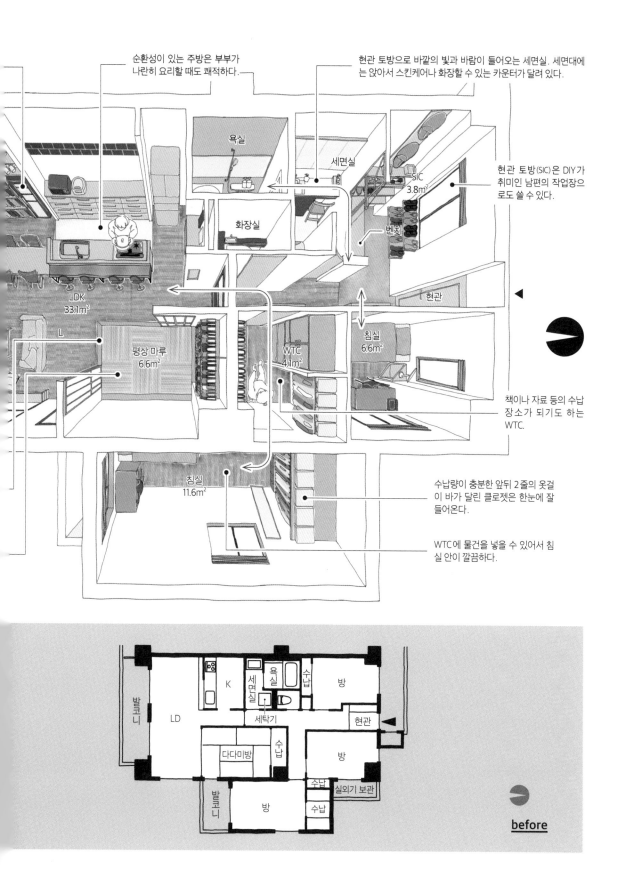

순환성이 있는 주방은 부부가
나란히 요리할 때도 쾌적하다.

현관 토방으로 바깥의 빛과 바람이 들어오는 세면실. 세면대에
는 앉아서 스킨케어나 화장할 수 있는 카운터가 달려 있다.

욕실

세면실

SIC
3.8m²

화장실

벤치

현관 토방(SIC)은 DIY가
취미인 남편의 작업장으
로도 쓸 수 있다.

현관

LDK
33.1m²

L

평상 마루
6.6m²

WTC
4.1m²

침실
6.6m²

책이나 자료 등의 수납
장소가 되기도 하는
WTC.

침실
11.6m²

수납량이 충분한 앞뒤 2줄의 옷걸
이 바가 달린 클로젯은 한눈에 잘
들어온다.

WTC에 물건을 넣을 수 있어서 침
실 안이 깔끔하다.

발코니

K

세면실

욕실

수납

방

LD

세탁기

현관

다다미방

수납

방

발코니

방

수납

수납

실외기 보관

before

L형 현관에서
손님을
편하게 맞이한다

면적
89 m²

Y 씨 부부는 파티를 할 수 있는 집을 요구했다. 부술 수 없는 벽이 있는 벽식 구조의 집에서 최대한 넓이를 확보한 LDK는 전체가 스테인리스인 멋진 주방이 공간의 주인공이다. 생활감을 최대한 배제하고 커다란 다이닝 테이블과 소파를 여유 있게 놓은 LDK에서 보내는 한때는 손님이 방문했을 때는 물론, 가족이 오붓하게 시간을 보낼 때도 쾌적하다. 그런 LDK로 손님을 맞이하는 곳이 L형 현관이다. 위치를 변경하기 어려웠던 물 쓰는 공간을 움직이지 않고 넓은 현관을 만들기 위한 아이디어다. 현관 토방을 안쪽까지 끌어들여서 현관 토방에서 LDK까지의 동선이 짧아졌다. 작업 공간의 창문으로 들어오는 빛 덕택에 현관이 어두워지는 일도 없다.

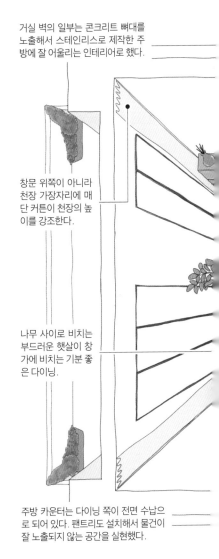

거실 벽의 일부는 콘크리트 뼈대를 노출해서 스테인리스로 제작한 주방에 잘 어울리는 인테리어로 했다.

창문 위쪽이 아니라 천장 가장자리에 매단 커튼이 천장의 높이를 강조한다.

나무 사이로 비치는 부드러운 햇살이 창가에 비치는 기분 좋은 다이닝.

주방 카운터는 다이닝 쪽이 전면 수납으로 되어 있다. 팬트리도 설치해서 물건이 잘 노출되지 않는 공간을 실현했다.

Data

건축 연식	전유 면적	구조	공사기간	가족 구성
21년	88.87m²	RC 구조	2.5개월	부부+자녀(1명)

리모델링 동기와 집을 선택한 결정적인 이유

리모델링 욕구를 충족시키기 위해서
Y 씨 부부는 전부터 리모델링에 관심이 많았다고 한다. '월세로는 우리가 만족하는 집을 얻을 수 없다'며 구축 아파트 리모델링으로 이상적인 집을 만들었다.

인프라도 확실한 매물 선정
구입한 매물은 약 89m²의 맨 끝에 있는 집이었다. 입지와 넓이뿐만 아니라 급배수관 등의 공용 설비의 관리 상태가 좋은 매물이었던 점이 결정적이었다. 원래는 세세하게 방을 나눠서 현관이 좁은 구조였다. 또한 세면실과 화장실에 배관 설비 공간(PS)이 있고 부술 수 없는 구조벽도 있는 가운데 3면 채광의 통풍, 채광이 좋은 점을 살린 구조를 만들었다.

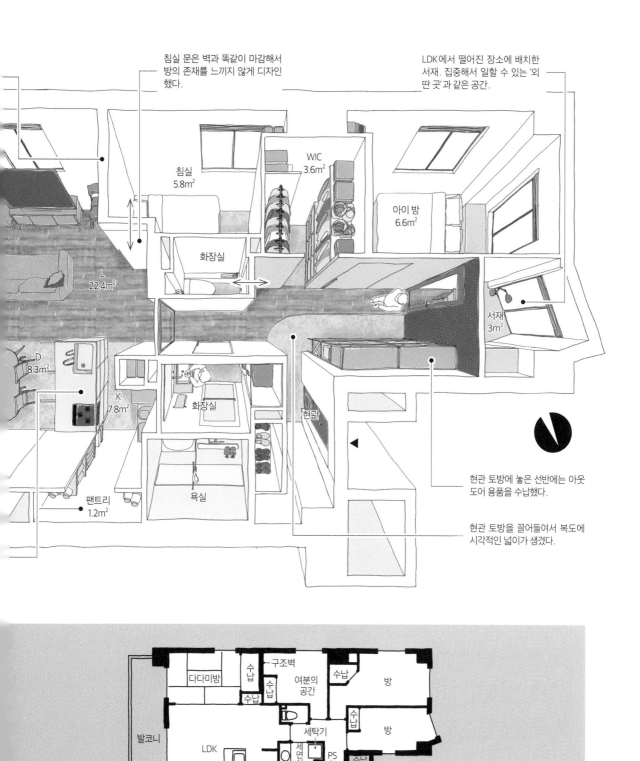

침실 문은 벽과 똑같이 마감해서 방의 존재를 느끼지 않게 디자인했다.

LDK에서 떨어진 장소에 배치한 서재. 집중해서 일할 수 있는 '외딴 곳'과 같은 공간.

침실
5.8m²

WIC
3.6m²

아이 방
6.6m²

화장실

L
22.4m²

서재
3m²

D
8.3m²

K
7.8m²

화장실

현관

팬트리
1.2m²

욕실

현관 토방에 놓은 선반에는 아웃도어 용품을 수납했다.

현관 토방을 끌어들여서 복도에 시각적인 넓이가 생겼다.

다다미방

수납

구조벽

수납

여분의 공간

수납

방

수납

발코니

세탁기

방

LDK

서면실

PS

수납

욕실

현관

MB

before

빛이 넘치는
커다란 공간에서
큰 식탁을 에워싼다

면적
92m²

허리벽 높이에 맞춰서 창문 밑에 긴 선반을 제작했다. 이 선반을 통해 LDK의 수평 방향으로 넓이를 강조할 수 있다.

A 씨의 집은 커다란 상자 속에 작은 상자를 집어넣은 듯한 구조다. 창문으로 들어오는 빛을 실내로 끌어들이기 위해서 이런 독특한 방 배치가 되었다. 침실 벽은 천장 높이까지 닿지 않기 때문에 벽 위에 틈이 생겨 한층 더 넓어 보이는 공간을 연출했다. A 씨 가족에게 식사는 생활의 중심이다. LDK에 자리 잡은 길이 4미터의 다이닝 테이블은 이를 상징하는 소통의 무대다. 자유 공간은 손님을 맞이하는 현관이며 재택근무나 아이가 공부하는 공간이기도 한 멀티 공간이다. 벽으로 칸막이하지 않아서 빛과 바람뿐만 아니라 목소리와 기척도 집 전체에 전해지는 개방적이면서도 친밀한 집을 완성했다.

길이 4미터의 다이닝 테이블. 테이블로 LDK에 방향성을 줄 수 있어서 공간의 넓이가 강조된다.

Data

건축 연식	전유 면적	구조	공사기간	가족 구성
36년	92.0m²	RC 구조	2.5개월	부부+자녀(2명)

리모델링 동기와 집을 선택한 결정적인 이유

우연한 만남에서 시작된 구축 아파트 리모델링
A 씨 가족은 교외의 단독주택으로 범위를 좁혀서 매물을 찾다가 우연히 맨 끝에 자리하고 3면 채광에 면적은 92m²인 아파트 매물을 발견했다. '이 넓이와 채광이라면 교외와는 또 다른 도시적인 즐거운 생활을 할 수 있겠다'고 느낀 A 씨는 바로 그날 실제로 보러 가서 확인하고 구입을 결정했다.

생활이 편리한 입지에서 밝고 넓은 집을
'생활에 편리한 입지인 것에 비해 적당한 가격', '친숙한 지역', '아파트의 건설회사에 대한 안도감' 등이 직감을 중시한 매물 구입에 힘을 보탰다. 원래는 방이 3개인 여유로운 구조였지만, 어두운 장소가 없는 널찍한 집을 만들고 싶었던 A 씨가 일체감이 있는 구조로 바꿨다.

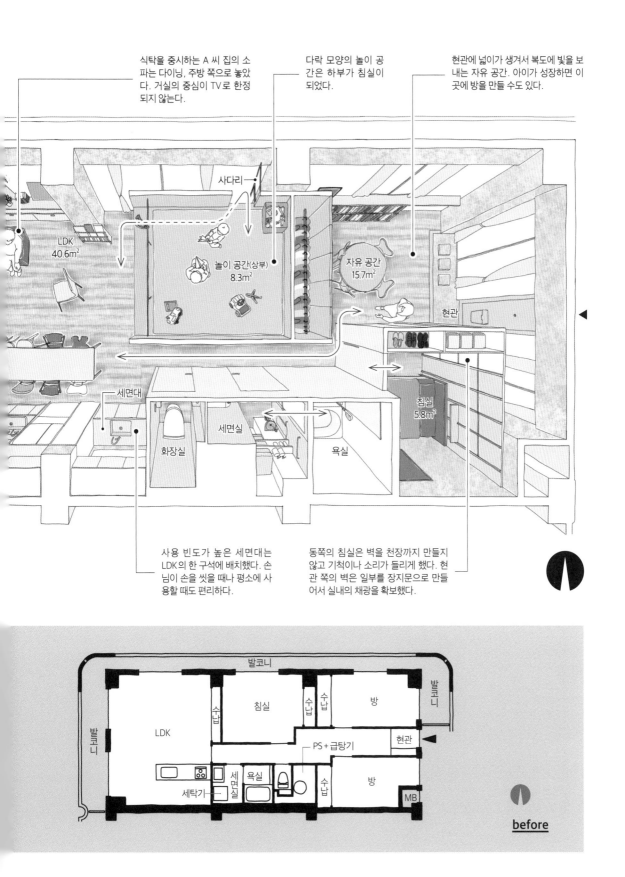

식탁을 중시하는 A 씨 집의 소파는 다이닝, 주방 쪽으로 놓았다. 거실의 중심이 TV로 한정되지 않는다.

다락 모양의 놀이 공간은 하부가 침실이 되었다.

현관에 넓이가 생겨서 복도에 빛을 보내는 자유 공간. 아이가 성장하면 이곳에 방을 만들 수도 있다.

사다리

LDK
40.6m²

놀이 공간(상부)
8.3m²

자유 공간
15.7m²

현관

세면대

세면실

침실
5.8m²

화장실

욕실

사용 빈도가 높은 세면대는 LDK의 한 구석에 배치했다. 손님이 손을 씻을 때나 평소에 사용할 때도 편리하다.

동쪽의 침실은 벽을 천장까지 만들지 않고 기척이나 소리가 들리게 했다. 현관 쪽의 벽은 일부를 장지문으로 만들어서 실내의 채광을 확보했다.

발코니

발코니

발코니

LDK

수납

침실

수납

수납

방

현관

PS + 급탕기

세탁기

세면실

욕실

수납

수납

방

MB

before

119

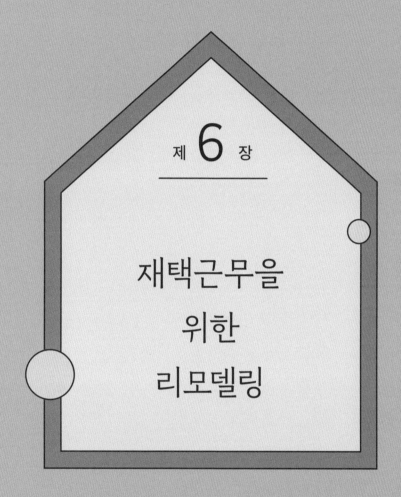

제 6 장

재택근무을
위한
리모델링

책과 옷에
둘러싸여서 지내는 서재

면적
67 m²

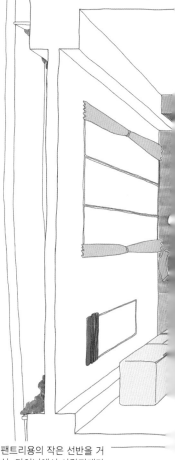

TV 받침대와 수납을 겸한 붙박이 벤치. 좋아하는 물건을 장식해도 좋고 책을 읽는 라운지로 사용하기도 좋다.

S 씨의 집은 WTC에 서재와 서고를 넣어서 안정감 있고 틀어박힐 수 있는 환경을 만들어냈다. LDK와 침실에서 확실히 떨어져 있어서 일에 집중하기 쉬운 공간이다. 한편 LDK는 휴식을 중시한다. 여가 시간을 쾌적하게 보낼 수 있게 밝고 바람이 잘 통하는 발코니 쪽에 널찍한 공간을 확보했다. S 씨 부부는 '좋아하는 가구를 자신들이 생각하는 대로 배치할 수 있는 공간을 원한다'며 구축 아파트 리모델링을 선택했다. 입주 시에 새로 구입한 가구에 맞춰서 벽의 위치를 결정하고 인테리어의 색상을 선택했다. 새로운 집에서의 생활을 시작한 후 집에 놓은 물건을 한층 더 음미하게 되었다는 S 씨 부부는 좋아하는 것에 둘러싸인 생활을 즐기고 있다.

팬트리용의 작은 선반을 거실, 다이닝에서 사각지대가 되는 위치에 제작했다. 편리하며 방도 정리된다.

Data

건축 연식	전유 면적	구조	공사기간	가족 구성
18년	66.96m²	SRC 구조	2개월	부부

리모델링 동기와 집을 선택한 결정적인 이유

'하고 싶은 생활'을 포기하지 않기 위한 선택
S 씨 부부는 살고 싶은 동네에서 원하는 공간에 살며 매우 좋아하는 여행이나 음식을 찾아다니며 먹는 것도 포기하지 않아도 되는 생활을 추구했다. 희망하는 지역에 있는 신축 물건은 예산이나 구조가 희망에 맞지 않아서 구축 아파트 리모델링을 선택했다.

매물의 문제점은 리모델링으로 해결
'남향이라서 햇볕이 잘 들며 가격도 시세보다 저렴한 매물을 발견!'했다고 생각했지만 저렴한 이유는 방에 남은 반려동물의 냄새 때문이었다. 그러나 기존의 실내 인테리어를 전부 철거해서 공간을 다시 만들기 때문에 문제없다. 리모델링하기 때문에 오히려 좋은 조건의 매물이라고 할 수 있다.

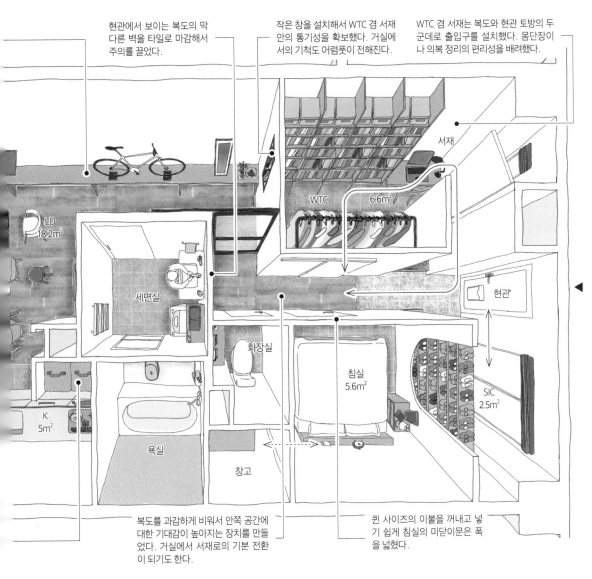

현관에서 보이는 복도의 막다른 벽을 타일로 마감해서 주의를 끌었다.

작은 창을 설치해서 WTC 겸 서재 안의 통기성을 확보했다. 거실에서의 기척도 어렴풋이 전해진다.

WTC 겸 서재는 복도와 현관 토방의 두 군데로 출입구를 설치했다. 몸단장이나 의복 정리의 편리성을 배려했다.

서재

WTC   6.6m²

현관

LD
18.2m²

세면실

화장실

침실
5.6m²

SIC
2.5m²

K
5m²

욕실

창고

복도를 과감하게 비워서 안쪽 공간에 대한 기대감이 높아지는 장치를 만들었다. 거실에서 서재로의 기분 전환이 되기도 한다.

퀸 사이즈의 이불을 꺼내고 넣기 쉽게 침실의 미닫이문은 폭을 넓혔다.

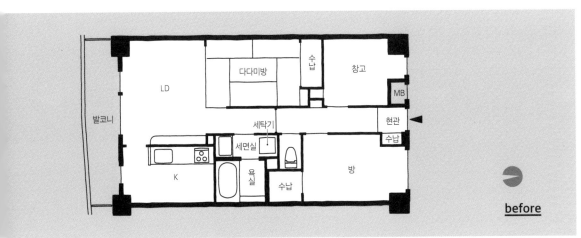

발코니

LD

다다미방

수납

창고

MB

세탁기

현관

세면실

수납

욕실

K

수납

방

before

휴일이 다른
부부를 위한 이중 거실

면적
73m²

창가 벤치는 요리 중인 가족과 대화하며 쉴 수 있는 독특한 장소다. 나무들을 바라보며 즐기는 낮잠도 최고다.

I 씨의 집에는 바닥재를 깐 북유럽 느낌의 거실과 다다미 평상 마루＋토방 마루의 일본풍의 모던한 두 번째 거실이 있다. 현관을 사이에 두고 양 끝에 있는 두 거실은 휴일이 다른 I 씨 부부가 '서로의 일을 방해하지 않고 쉴 수 있는 공간'을 바라서 탄생한 장소다. 작업 공간은 거실에서 떨어진 두 번째 거실에 배치했기 때문에 LDK에서 TV 등을 봐도 신경에 거슬리지 않는다. 두 번째 거실은 부부의 휴일이 같을 때에는 영화 감상이나 티타임, 홈파티를 즐기는 공간이기도 하다. 기상 시간이나 취침 시간이 다를 때는 예비실이 두 번째 침실이 될 때도 있다고 한다. 바쁜 맞벌이 부부의 서로에 대한 배려가 담긴 유연하게 살 수 있는 집이다.

부부가 함께 재택근무할 때는 다이닝 테이블이 책상이 된다.

Data

건축 연식	전유 면적	구조	공사기간	가족 구성
23년	73.0m²	RC 구조	2.5개월	부부

리모델링 동기와 집을 선택한 결정적인 이유

무리하거나 참지도 않는 내 집을 마련하고 싶다
일과 육아를 병행할 수 있는 주거 환경이나 취미를 즐길 여유가 있는 생활을 바란 I 씨 부부. 구축 아파트 리모델링은 그런 부부의 요구에 딱 맞는 집 꾸미기였다.

휴식 시간을 상상한 매물 찾기
I 씨 부부는 집에서 보내는 시간을 즐길 수 있는 넓이와 조망을 중시해서 매물을 찾았다. 공간 만들기에 대해 원하는 것을 미리 리모델링 회사의 담당자에게 전하고, 매물을 한정해서 상상한 '출창 벤치에서 편히 쉬는 시간'을 누리기에 딱 어울리는 조망이 풍부한 매물을 찾아냈다.

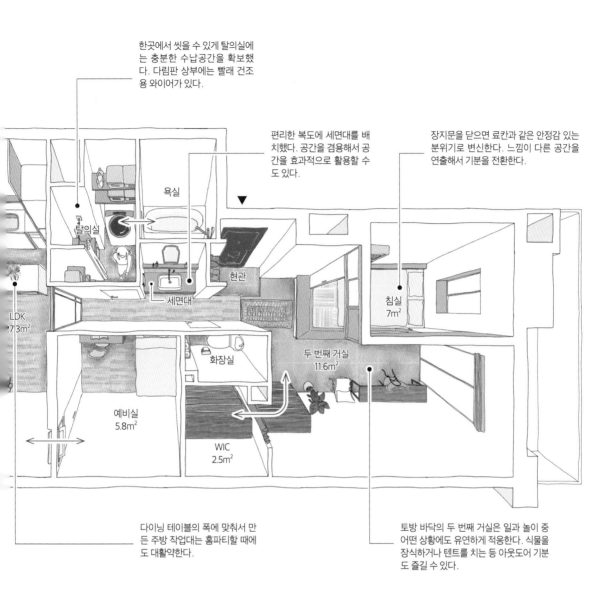

한곳에서 씻을 수 있게 탈의실에는 충분한 수납공간을 확보했다. 다림판 상부에는 빨래 건조용 와이어가 있다.

편리한 복도에 세면대를 배치했다. 공간을 겸용해서 공간을 효과적으로 활용할 수도 있다.

장지문을 닫으면 료칸과 같은 안정감 있는 분위기로 변신한다. 느낌이 다른 공간을 연출해서 기분을 전환한다.

욕실

탈의실

현관

침실
7m²

세면대

LDK
17.3m²

화장실

두 번째 거실
11.6m²

예비실
5.8m²

WIC
2.5m²

다이닝 테이블의 폭에 맞춰서 만든 주방 작업대는 홈파티할 때에도 대활약한다.

토방 바닥의 두 번째 거실은 일과 놀이 중 어떤 상황에도 유연하게 적응한다. 식물을 장식하거나 텐트를 치는 등 아웃도어 기분도 즐길 수 있다.

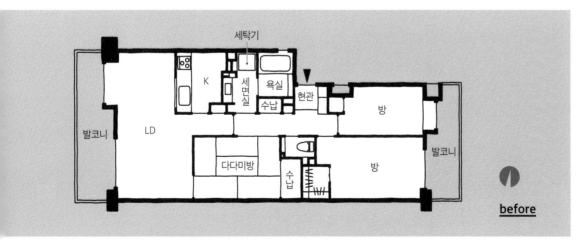

세탁기

K

세면실

욕실

수납

현관

방

발코니

LD

다다미방

수납

방

발코니

before

과자 공방과
소호사무실이 있는 집

면적
75m²

주방 구입을 계기로 독립한 일러스트레이터인 남편과 과자 만들기가 취미인 아내와 아들이 사는 M 씨의 집. 현관 옆의 약 5m²의 공간은 남편이 일하는 방 (SOHO)이다. 업무와 여가 시간을 쉽게 전환할 수 있게 한없이 '집밖'에 가까운 장소에 배치하도록 연구했다. 긴 복도는 자료와 책을 수납하거나 남편의 그림을 장식하는 갤러리 공간이 되었다. 선반을 포함해서 1.3미터의 폭이 있어서 단순한 복도가 아니라 하나의 공간으로 기능한다. 한편 주방 안쪽에 있는 과자 공방은 아내를 위한 공간이다. 앞으로 취미를 직업으로 삼기 위해서 아내가 과자 만들기에 몰두할 수 있는 전용 공간이다. 집 꾸미기와 창업을 함께 고려한 M 씨의 집이다.

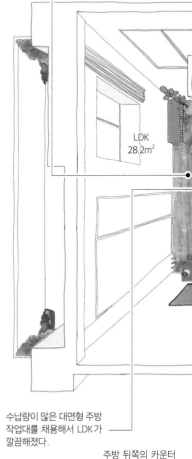

주방 앞쪽은 아이의 놀이 공간, 복도 쪽은 다이닝과 휴식 공간으로 사용한다.

LDK
28.2m²

수납량이 많은 대면형 주방 작업대를 채용해서 LDK가 깔끔해졌다.

주방 뒤쪽의 카운터는 컴퓨터 작업에도 편리하다.

Data

건축 연식	전유 면적	구조	공사기간	가족 구성
20년	75.0m²	RC 구조	2개월	부부+자녀(1명)

리모델링 동기와 집을 선택한 결정적인 이유

자신들의 취향을 반영하며 비용을 줄이고 싶다
M 씨 가족은 처음에 신축 주문 주택도 검토했지만 예산에 제한이 있었다. 그래서 신축보다도 비용을 줄일 수 있고 자신들의 취향을 반영한 공간을 만들 수 있는 구축 아파트 리모델링을 선택했다.

나무들에 둘러싸인 환경에서 업무와 여가 시간을 전환한다
M 씨 부부는 산의 경사면에 지어 나무들로 둘러싸인 조망이 좋은 매물을 구입했다. 세 방향으로 창문이 있는 맨 끝에 위치한 집이라서 통풍, 채광도 뛰어났다. 거실에서 떨어진 현관 쪽에 남편이 희망한 업무 공간을 확보하기 쉬운 구조가 되었기 때문에 재택근무와 휴식 시간을 전환하기에도 매우 적합한 매물이었다.

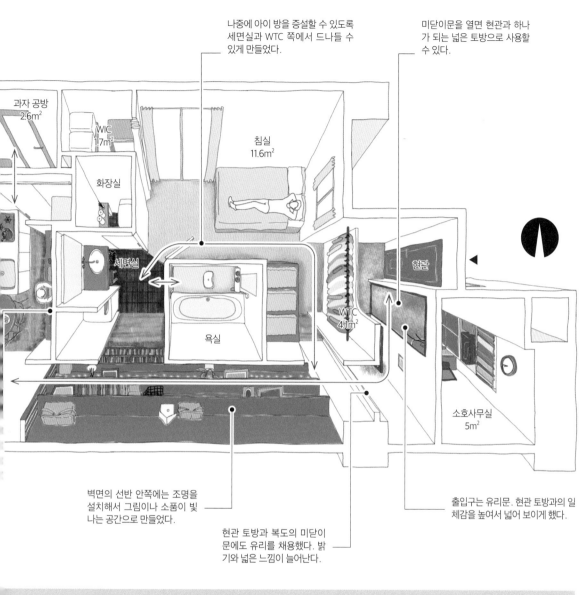

나중에 아이 방을 증설할 수 있도록 세면실과 WTC 쪽에서 드나들 수 있게 만들었다.

미닫이문을 열면 현관과 하나가 되는 넓은 토방으로 사용할 수 있다.

과자 공방
2.6m²

WIC
1.7m²

화장실

침실
11.6m²

세면실

욕실

현관

WTC
4.1m²

소호사무실
5m²

벽면의 선반 안쪽에는 조명을 설치해서 그림이나 소품이 빛나는 공간으로 만들었다.

현관 토방과 복도의 미닫이문에도 유리를 채용했다. 밝기와 넓은 느낌이 늘어난다.

출입구는 유리문. 현관 토방과의 일체감을 높여서 넓어 보이게 했다.

발코니

수납

방

발코니

K

현관

발코니

LD

다다미방

수납

세면실

욕실

수납

방

MB

수납

세탁기

before

127

가족을 느낄 수 있는 혼자만의 공간

면적
60m²

'혼자 지낼 수 있는 공간을 갖고 싶다'는 남편의 요청으로 만든 서재는 햇볕이 잘 드는 남쪽 창가에 계획했다. 공간은 확실히 나뉘어 있으나 커다란 실내창을 통해서 자연광이 LDK로 들어온다. 실내창 쪽으로 배치한 책상에서는 벽과 천장을 뼈대로 마감해 각 부분에 고재목을 넣은 인더스트리얼 분위기의 LDK를 바라볼 수 있다. 대면형 주방에서도 서재에서 보내는 남편의 모습이 보인다. 거의 모든 공간이 다이닝을 중심으로 배치되어 있기 때문에 가족 간의 거리감이 저절로 줄어드는 구조를 완성했다. 재택근무뿐만 아니라 어린 자녀와의 생활에도 좋은 구조다.

Data

건축 연식	전유 면적	구조	공사기간	가족 구성
45년	59.59m²	RC 구조	2.5개월	부부

리모델링 동기와 집을 선택한 결정적인 이유

많은 매물 선택지와 공간의 자유도에 마음이 끌렸다
처음에는 신축 단독주택을 선호했던 A 씨 부부도 검토를 거듭하는 동안 '아파트의 매물 선택지가 많다', '구축 아파트가 리모델링으로 실내 인테리어를 즐길 수 있다'는 쪽으로 생각이 바뀌었다. 그래서 구축 아파트 리모델링을 통해 내 집을 구입하기로 결심했다.

살고 싶은 동네를 중시한다
여러 매물을 실제로 보러 다니는 동안 A 씨 부부는 면적이나 건축 연식만을 중시하는 매물 찾기에 의문을 느꼈다. '우리가 살기 편한 환경'으로 관점을 바꿔서 조용한 환경과 거리나 상점가의 분위기가 마음에 들어 지은 지 45년 된 매물을 선택했다.

before

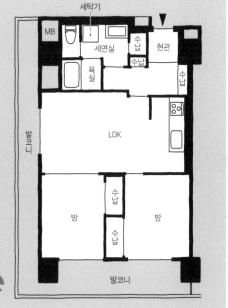

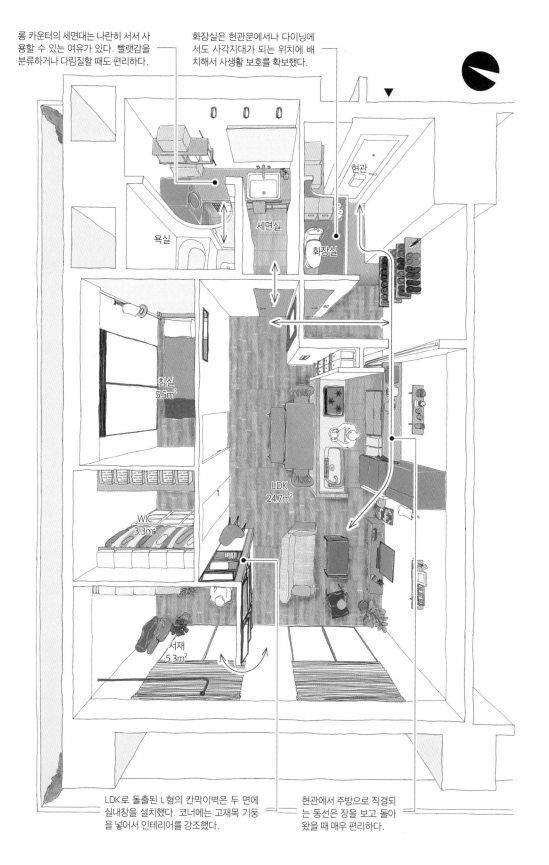

롱 카운터의 세면대는 나란히 서서 사용할 수 있는 여유가 있다. 빨랫감을 분류하거나 다림질할 때도 편리하다.

화장실은 현관문에서나 다이닝에서도 사각지대가 되는 위치에 배치해서 사생활 보호를 확보했다.

현관

욕실

세면실

화장실

침실
5.5m²

WIC
3.3m²

LDK
24.7m²

서재
5.3m²

LDK로 돌출된 L형의 칸막이벽은 두 면에 실내창을 설치했다. 코너에는 고재목 기둥을 넣어서 인테리어를 강조했다.

현관에서 주방으로 직결되는 동선은 장을 보고 돌아왔을 때 매우 편리하다.

내부 테라스가 달린
개방적인 나만의 공간

면적
54m²

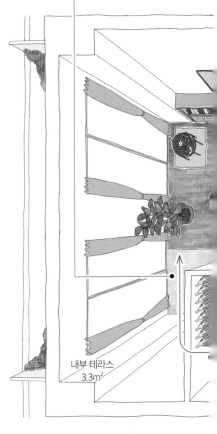

내부 테라스는 거울을 놓아서 화장해도 좋고 차를 마셔도 좋다. 공간의 활용 폭이 넓어졌다.

약 54m²를 리모델링한 T 씨의 집에는 LDK의 한 구석에 피규어 원형사로 일하는 남편의 작업 공간이 있다. 4.1m²의 작업 공간은 작지만 목제로 만든 실내창 너머로 LDK를 한눈에 바라볼 수 있는 개방적인 공간이다. 벽에 설치한 선반과 쇼케이스에는 남편의 작품과 좋아하는 피규어를 진열해 놓았다. 모르타르 바닥의 실외 분위기가 느껴지는 내부 테라스는 사적인 공간과 업무 공간을 자연스럽게 전환하는 중간 영역. 출입구를 내부 테라스 안쪽에 배치해서 작업 공간에 '특별한 장소'라는 느낌도 생겼다. 집중하기 좋은 몰입감과 개방감, 좋아하는 것에 둘러싸이는 즐거움을 마음껏 즐길 수 있는 아늑한 공간이다.

내부 테라스
3.3m²

작업 공간의 출입구에는 창호를 달지 않아서 답답한 느낌을 해소했다.

Data

건축 연식	전유 면적	구조	공사기간	가족 구성
38년	54.47m²	SRC 구조	2.5개월	부부

리모델링 동기와 집을 선택한 결정적인 이유

원스톱 서비스가 리모델링할 마음을 부추겼다
T 씨 부부는 주문 주택과 구축 아파트 리모델링을 비교 검토하여 편리성이 높은 지역을 노리기 쉬운 점과 자산성 면에서 리모델링을 선택했다. 매물 찾기부터 설계, 시공까지 의뢰할 수 있는 원스톱 서비스를 이용해서 전문가의 조언을 얻으며 안심하고 매물 찾기를 진행했다.

리모델링 욕구를 자극하는 작은 매물
오래 산 지역에 있으며 발코니에서 바라보는 전망이 풍부한 건축 연식 38년 된 매물을 구입했다. 면적은 작았지만 '리모델링을 연구하는 보람이 있을 것 같다'고 느껴서 구입을 결심했다.

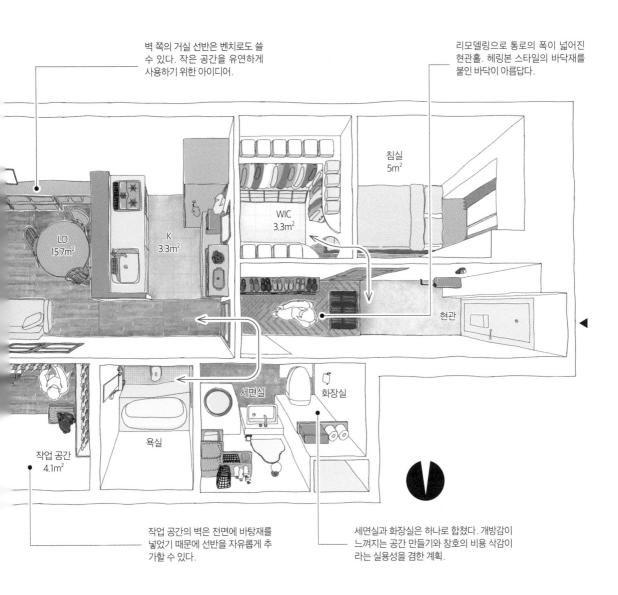

벽 쪽의 거실 선반은 벤치로도 쓸 수 있다. 작은 공간을 유연하게 사용하기 위한 아이디어.

리모델링으로 통로의 폭이 넓어진 현관홀. 헤링본 스타일의 바닥재를 붙인 바닥이 아름답다.

침실
5m²

WIC
3.3m²

LD
15.7m²

K
3.3m²

현관

작업 공간
4.1m²

세면실

화장실

욕실

작업 공간의 벽은 전면에 바탕재를 넣었기 때문에 선반을 자유롭게 추가할 수 있다.

세면실과 화장실은 하나로 합쳤다. 개방감이 느껴지는 공간 만들기와 창호의 비용 삭감이라는 실용성을 겸한 계획.

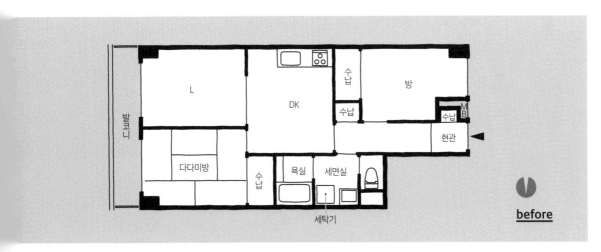

발코니

L

DK

수납

수납

방

수납

M
B

현관

다다미방

수납

욕실

세면실

세탁기

before

131

고재목과 철로 만든
빛나는 작업 공간

면적
59 m²

M 씨 부부는 약 58m²의 집에 SIC와 WTC를 확실히 확보하며 작업 공간까지 실현했다. 웹디렉터인 남편이 하루의 대부분을 보내는 작업 공간은 LDK와 바깥을 바라볼 수 있는 위치에 배치하여 철제 프레임과 고재목 기둥을 사용해서 공간을 완만하게 분리했다. 뒤쪽의 벽은 고재목 판재를 붙여 LDK에서 보이는 작업 공간 안쪽의 조망도 배려했다. 또한 일을 쾌적하게 하기 위해서 가전을 IoT화했다. 작업 공간에서 스마트폰이나 스마트 스피커를 이용해 로봇청소기나 조명을 조작해서 공간의 분위기를 바꿀 수 있다. 쾌적하게 일할 수 있는 LDK 일체형 작업 공간의 좋은 사례다.

Data

건축 연식	전유 면적	구조	공사기간	가족 구성
26년	58.5m²	RC 구조	2.5개월	부부

리모델링 동기와 집을 선택한 결정적인 이유

리모델링 주택에 살았던 점에서 그 자유도를 실감했다
M 씨 부부는 원래 리모델링한 임대 아파트에 살았다. 그곳에서의 생활을 통해 리모델링으로 자유롭게 만든 집의 생활 편의성을 실감해서 구축 아파트 리모델링을 이용한 내 집 마련을 결심했다.

리모델링으로 바꿀 수 없는 부분을 중시
M 씨 부부가 선택한 매물은 오래 살아 정든 지역에 있고 여러 노선을 이용할 수 있는 역과 가까운 새로운 내진기준 아파트였다. 기존의 구조에는 쓸모없는 공간이 있었다. 하지만 구조는 전부 변경할 수 있기 때문에 입지와 맨 끝에 위치한 집인 점을 중시해서 구입을 결정했다.

<u>**before**</u>

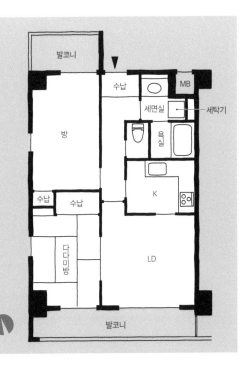

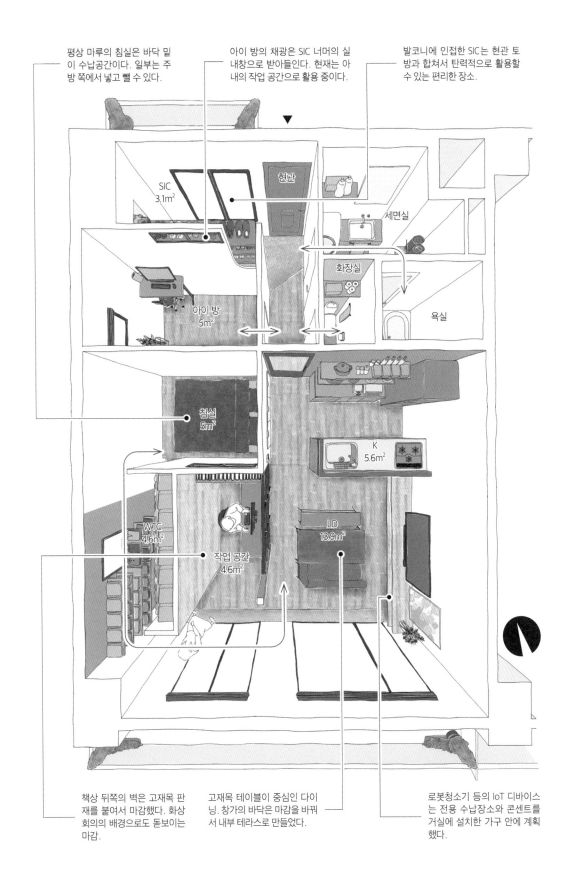

평상 마루의 침실은 바닥 밑이 수납공간이다. 일부는 주방 쪽에서 넣고 뺄 수 있다.

아이 방의 채광은 SIC 너머의 실내창으로 받아들인다. 현재는 아내의 작업 공간으로 활용 중이다.

발코니에 인접한 SIC는 현관 토방과 합쳐서 탄력적으로 활용할 수 있는 편리한 장소.

SIC
3.1m²

현관

세면실

화장실

아이 방
5m²

욕실

침실
5m²

K
5.6m²

WTC
4.6m²

작업 공간
4.6m²

LD
13.9m²

책상 뒤쪽의 벽은 고재목 판재를 붙여서 마감했다. 화상회의의 배경으로도 돋보이는 마감.

고재목 테이블이 중심인 다이닝. 창가의 바닥은 마감을 바꿔서 내부 테라스로 만들었다.

로봇청소기 등의 IoT 디바이스는 전용 수납장소와 콘센트를 거실에 설치한 가구 안에 계획했다.

W자 형태의
작업 공간으로
부부가 함께 쾌적한 업무

면적
64 m²

N 씨 부부는 '각자의 작업 공간'을 희망했다. 남편의 작업 공간은 복도의 움푹 들어간 곳에 만든 몰입감이 있는 공간으로 책상과 피규어와 만화책이 들어간다. 벽의 일부에 실내창을 만들어 현관 쪽의 창문에서 빛과 바람이 들어오게 했다. 한편 아내의 작업 공간은 주방 옆의 발코니에서 빛이 들어오는 밝은 장소에 계획했다. 화장대도 겸용하므로 아침에 몸단장할 때도 편리하다. 각자의 작업 공간이 떨어져 있기 때문에 화상회의의 소리를 걱정할 필요가 없다. 자신의 전용 장소가 있기에 거실과 다이닝에서 기분 전환할 때도 변화가 생긴다. 여가 시간은 부부가 함께 영화나 음악을 즐긴다고 한다.

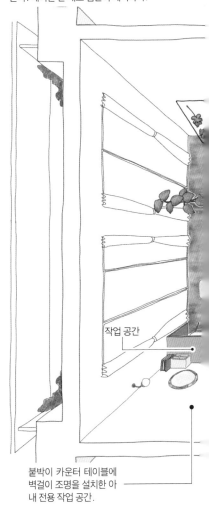

실내창과 벽 상부의 공간을 통해서 LDK의 에어컨 바람이 침실과 WTC까지 닿는다. 에어컨 한 대로 집안이 쾌적하다.

작업 공간

붙박이 카운터 테이블에 벽걸이 조명을 설치한 아내 전용 작업 공간.

Data

건축 연식	전유 면적	구조	공사기간	가족 구성
21년	63.8m²	RC 구조	2개월	부부

리모델링 동기와 집을 선택한 결정적인 이유

신축을 원하는 아내에게 리모델링을 프레젠테이션하다
구축 아파트파인 남편과 신축 단독주택파인 아내. '희망하는 지역에서의 신축은 예산적으로 어렵다', '구축 리모델링이라도 자유롭게 집을 꾸밀 수 있다', '신축보다 예산을 줄일 수 있다'는 남편의 프레젠테이션으로 아내의 이해를 얻어서 구축 아파트 리모델링을 진행했다.

정보 수집과 실제 답사를 반복해서 매물을 철저히 음미
실수하지 않기 위해서 일부러 관대한 조건에서 매물을 조사하고 궁금한 집은 즉시 보러 갔다. 나중에 매각할 가능성을 고려해 자산 가치가 잘 떨어지지 않는 노선에서 검토했다. 아파트 외관의 느낌도 중시한 아내의 승낙을 얻은 매물을 구입했다.

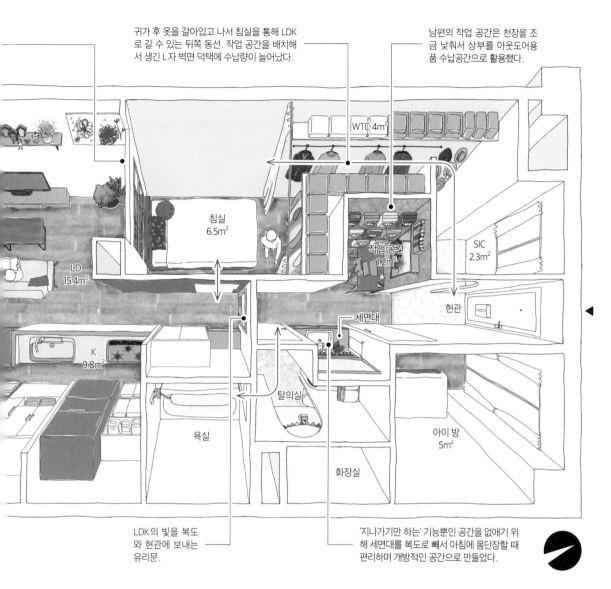

귀가 후 옷을 갈아입고 나서 침실을 통해 LDK
로 갈 수 있는 뒤쪽 동선. 작업 공간을 배치해
서 생긴 L자 벽면 덕택에 수납량이 늘어났다.

남편의 작업 공간은 천장을 조
금 낮춰서 상부를 아웃도어용
품 수납공간으로 활용했다.

WTC 4m²

침실
6.5m²

작업 공간
1.2m²

SIC
2.3m²

LD
15.4m²

현관

세면대

K
9.8m²

탈의실

욕실

아이 방
5m²

화장실

LDK의 빛을 복도
와 현관에 보내는
유리문.

'지나가기만 하는' 기능뿐인 공간을 없애기 위
해 세면대를 복도로 빼서 아침에 몸단장할 때
편리하며 개방적인 공간으로 만들었다.

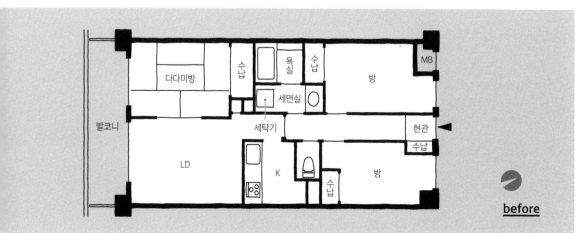

발코니

다다미방

수납

욕실

수납

방

MB

세면실

세탁기

현관

수납

LD

K

수납

방

before

직주일체
생활을 실현하도록
탄력적으로 활용하는 집

면적
72 m²

취미로 온라인 그릇 매장을 운영하는 M 씨 부부는 약 72m²의 집을 방 1개와 갤러리의 여유로운 구조로 리모델링했다. 자택의 한 구역에 M 씨 부부가 취급하는 그릇을 전시하는 개인 갤러리를 만들었다. 현관에서 이어지는 토방의 갤러리는 벽면의 이동 선반에 상품을 전시하는 장소이며 회사원으로 일하는 남편의 작업 공간이 되기도 한다. LDK는 공간을 최대한 넓게 사용할 수 있게 주방을 벽에 붙였다. 주방 앞의 다이닝 테이블은 이동식이라서 손님이 왔을 때 자유롭게 사용할 수 있다. 공간의 용도를 유연하게 구분해서 직장과 주거를 일체화한 집을 만들었다.

Data

건축 연식	전유 면적	구조	공사기간	가족 구성
50년	71.92m²	RC 구조	2.5개월	부부

리모델링 동기와 집을 선택한 결정적인 이유

일과 사생활을 나누지 않는 집을 만든다
'일과 사생활을 나누고 싶지 않다'고 생각한 M 씨 부부는 자신들이 원하는 구조로 만들 수 있는 점과 입지에 대한 집착을 균형 있게 실현할 수 있는 점에 마음이 끌려서 구축 아파트 리모델링을 선택했다.

넓은 공간을 만들기 좋은 사각형 집
손님 초대를 고려해서 멋진 매장이나 음식점이 모여 있는 지역에 있는 지은 지 50년 된 아파트를 구입했다. 고층의 맨 끝 쪽 집이라서 조망도 좋고 바람도 잘 통하며 시세에 비해 가격이 적당했던 점도 구입에 결정적으로 작용했다. 사각형의 집 모양은 손님을 초대하는 널찍한 공간을 만들기 쉽다.

<u>before</u>

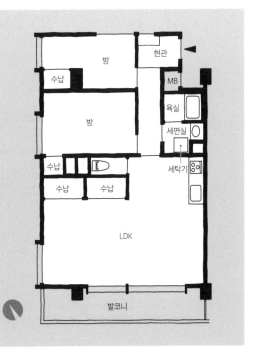

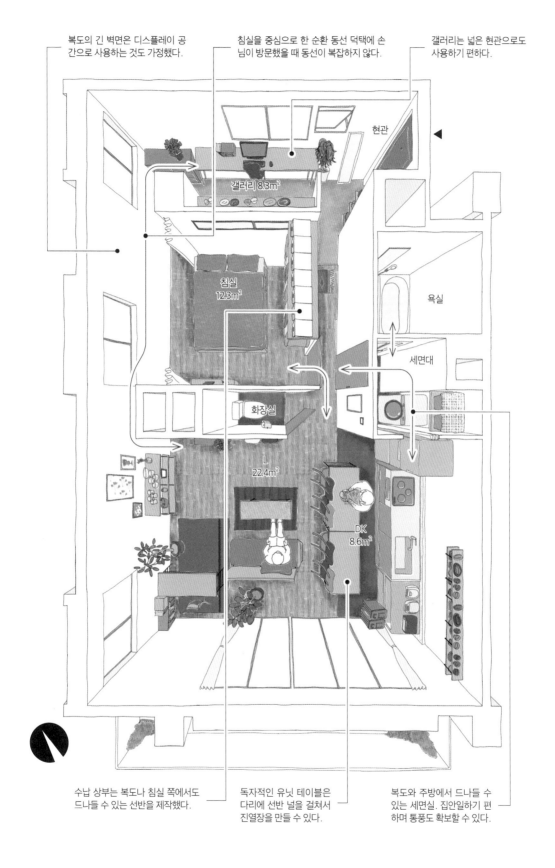

복도의 긴 벽면은 디스플레이 공간으로 사용하는 것도 가정했다.

침실을 중심으로 한 순환 동선 덕택에 손님이 방문했을 때 동선이 복잡하지 않다.

갤러리는 넓은 현관으로도 사용하기 편하다.

현관

갤러리 8.3m²

침실
12.3m²

욕실

세면대

화장실

L
22.4m²

DK
8.6m²

수납 상부는 복도나 침실 쪽에서도 드나들 수 있는 선반을 제작했다.

독자적인 유닛 테이블은 다리에 선반 널을 걸쳐서 진열장을 만들 수 있다.

복도와 주방에서 드나들 수 있는 세면실. 집안일하기 편하며 통풍도 확보할 수 있다.

일과 휴식,
모두가 기분 좋은
툇마루 작업 공간

면적
76m²

I 씨 부부는 남편의 재택근무를 위한 공간과 낮잠을 잘 수 있는 평상 마루를 희망했다. 그 두 가지를 실현할 수 있는 장소로 창가의 평상 마루 작업 공간이 탄생했다. 책상은 적당히 에워싸인 느낌을 줘서 일에 집중하기 좋은 공간이며 발코니 쪽으로 다리를 내리면 낮잠을 자거나 반주를 즐기기에 최적인 툇마루가 되기도 하는 멋진 공간이다. 작업 공간을 틈새에 만들어서 넓어진 LDK에는 가구를 마음 편히 배치할 수 있는 여유가 생겼다. 또한 평상 마루와 연속되는 벤치를 벽쪽에 만들어서 손님을 많이 초대했을 때에도 대응할 수 있는 좌석이 자연스럽게 공간과 어우러졌다. 일과 휴식, 가족이나 친구와 보내는 여가 시간에 최적화된 집이다.

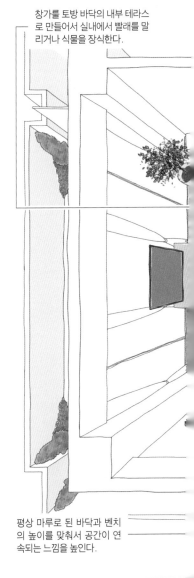

창가를 토방 바닥의 내부 테라스로 만들어서 실내에서 빨래를 말리거나 식물을 장식한다.

평상 마루로 된 바닥과 벤치의 높이를 맞춰서 공간이 연속되는 느낌을 높인다.

Data

건축 연식	전유 면적	구조	공사기간	가족 구성
37년	75.71m²	RC 구조	2개월	부부

리모델링 동기와 집을 선택한 결정적인 이유

교외의 단독주택에서 편리한 도시로 방향 전환
I 씨 부부는 처음에 신축 단독주택을 검토했다. 예산과 비교해보니 지역이 교외뿐이라서 출퇴근하기에 편리한 도시에서 매물을 선정하기 쉬운 구축 아파트로 방향을 전환했다. 아내가 상상하는 인테리어 공간을 실현하고 싶다는 마음에서 리모델링을 전제로 매물을 찾았다.

2면 채광을 살리고 싶다
그렇게 해서 지은 지 37년 된 새로운 내진기준의 아파트에서 맨 끝 쪽에 위치한 집을 찾았다. 발코니로 빙 둘러싸인 2면 채광의 매물이었는데, 밝은 남쪽에 방이 나란히 있어서 LDK가 어두웠다. 2면 채광의 개방감을 살릴 수 있는 구조가 필요했다.

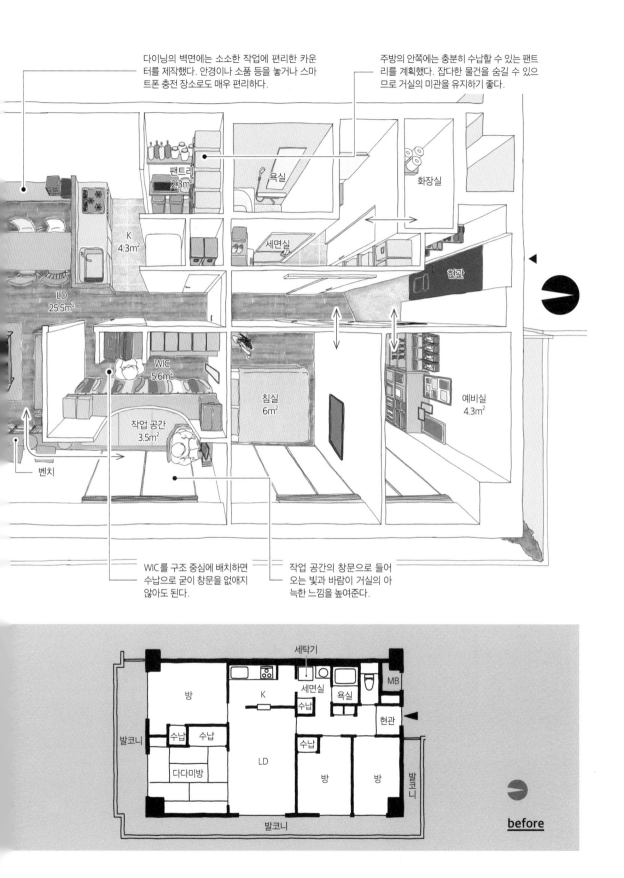

다이닝의 벽면에는 소소한 작업에 편리한 카운터를 제작했다. 안경이나 소품 등을 놓거나 스마트폰 충전 장소로도 매우 편리하다.

주방의 안쪽에는 충분히 수납할 수 있는 팬트리를 계획했다. 잡다한 물건을 숨길 수 있으므로 거실의 미관을 유지하기 좋다.

팬트리
2.3m²

욕실

화장실

K
4.3m²

세면실

현관

LD
25.5m²

WIC
5.6m²

침실
6m²

예비실
4.3m²

벤치

작업 공간
3.5m²

WIC를 구조 중심에 배치하면 수납으로 굳이 창문을 없애지 않아도 된다.

작업 공간의 창문으로 들어오는 빛과 바람이 거실의 아늑한 느낌을 높여준다.

세탁기

방

K

세면실

욕실

MB

수납

현관

발코니

수납   수납

LD

수납

다다미방

방   방

발코니

발코니

before

리모델링 생활은 어떻습니까?

구축 아파트 리모델링으로 자신만의 주거를 확보해서 생활은 어떻게 달라졌는가? 실제 거주자에게 살짝 물어봤다.

집안일 동선이 효율적인 주방 덕택에 전과 비교해서 직접 밥을 해먹는 일이 늘었다. 집에 식물과 그림을 장식해서 세 들어 살던 시절에는 할 수 없었던 '일상을 즐기는 생활'을 만끽하고 있다(26쪽 참조).
도쿄도 스기나미구 / I 씨

나무판을 헤링본 스타일로 붙인 주방에서 음주를 즐기며 요리하는 시간을 좋아한다. 이 집에 살기 시작한 후로 아내 가 드라이플라워에 빠져서 창가에 설치한 옷걸이 봉에 장 식하며 즐기고 있다(84쪽 참조).
도쿄도 나카노구 / U 씨 가족

공간에 지나치게 만들어 넣지 않아서 용도를 자유롭게 활 용할 수 있다. DIY에 관심이 없던 남편이 리모델링을 계기 로 집 꾸미기의 즐거움에 눈을 떠서 부부가 함께 가구와 잡화를 DIY해서 집을 맞춤 제작하고 있다(20쪽 참조).
가나가와현 요코하마시 / M 씨 부부

구축 아파트 리모델링을 선택해서 좋아하는 가구를 놓거 나 살고 싶은 동네에 살 거나 여행을 가거나 맛있는 음식 을 먹으며 다니는 등 좋아하는 일을 포기하지 않고 즐길 수 있는 생활을 실현했다(122쪽 참조).
도쿄도 아다치구 / S 씨 부부

날마다 집에 돌아올 때마다 '우리 집에 돌아왔다'는 느낌에 흠뻑 빠져 있다. 우리 부부의 취향을 반영한 집에 대한 만족감과 애착은 주택 자금 대출금을 갚는 데 동기부여가 되기도 한다(134쪽 참조).

가나가와현 가와사키시 / N 씨 부부

요리와 청소도 편히 할 수 있는 점이 마음에 든다. 덕분에 청소를 꼼꼼히 하게 되어 친구를 집에 초대하는 기회도 늘었다. 아이가 잠든 후에 부부끼리 느긋하게 지낼 수 있는 점도 매우 좋다(38쪽 참조).

오사카부 오사카시 니시구 / S 씨 가족

이 집에 살며 가족이 함께 여유롭게 보내는 시간이 늘었다. 비용을 조절하기 위해서 설비기기의 등급을 낮추거나 바닥재를 변경했지만 그런 점을 완전히 잊을 정도로 지금의 공간에 만족한다(128쪽 참조).

도쿄도 세타가야구 / A 씨 부부

나중에 아이가 독립해서 부부 둘이서만 생활하게 되면 그때의 생활방식에 맞춰서 다시 집을 바꿀 수 있다. 리모델링을 해서 앞으로의 생활에 대한 전망과 가능성이 넓어졌다(92쪽 참조).

도쿄도 스기나미구 / U 씨 가족

제 **7** 장

통풍과 채광을
위한
리모델링

토방 바닥에서
식물이 풍부한 발코니로
이어지는 집

면적
67 m²

'바람이 잘 통하는 집에서 식물에 둘러싸여 생활하고 싶다'고 생각한 N 씨 부부. L형의 루프 발코니에 많은 창문이 나 있는 건물의 특징을 살려 현관에서 발코니까지 칸막이가 없는 LDK를 만들었다. 또한 일부를 모르타르의 토방 바닥으로 해서 발코니와 일체화한 실외 느낌의 공간으로 완성했다. 토방 바닥으로 해서 다이닝으로 사용하거나 바람이 강하게 부는 날에 바깥의 식물을 피난시키거나 자전거를 손질하는 등 다목적으로 활약한다. 방은 침실뿐이며 수납은 WIC에 집약해서 빈티지 가구를 좋아하는 N 씨 부부가 가구 배치를 자유롭게 즐길 수 있는 넓은 공간을 확보했다. 자연광이 듬뿍 들어오는 LDK에서 식물과 가구를 사랑하는 생활을 즐기고 있다.

Data

건축 연식	전유 면적	구조	공사기간	가족 구성
43년	67.0m²	RC 구조	2개월	부부

리모델링 동기와 집을 선택한 결정적인 이유

좋아하는 디자인을 추구하며
신축이나 리모델링이 끝난 집은 디자인이 취향에 맞지 않는다는 이유에서 구조와 실내 인테리어를 자유롭게 변경할 수 있는 구축 아파트 리모델링을 선택했다.

자연을 즐길 수 있는 발코니
N 씨 부부는 1979년에 지은 대형 아파트 단지를 선택했다. 식물을 심을 수 있는 발코니도 있어서 자연을 즐기고 싶은 N 씨 부부에게 딱 어울리는 집이었다. 원래 살았던 지역과 가까워서 생활권을 바꾸지 않고 살 수 있는 점도 구입을 결정하는 계기가 되었다.

before

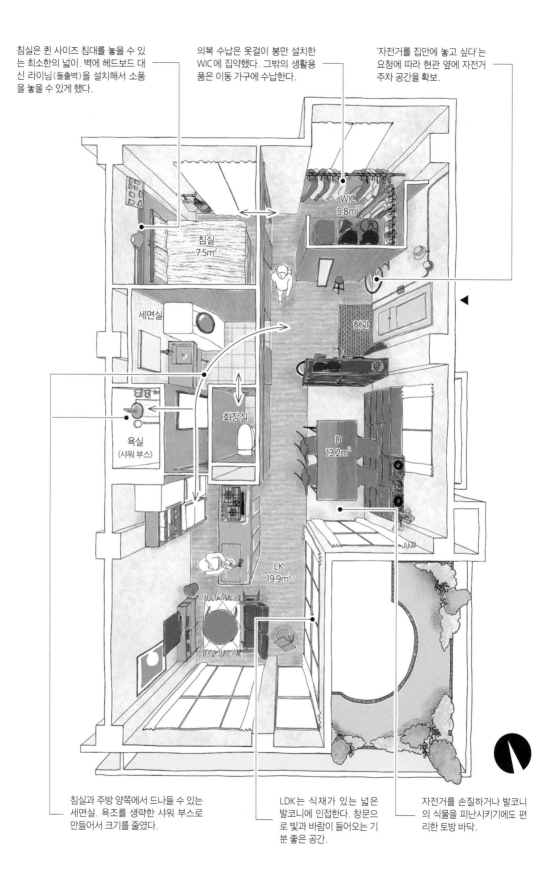

침실은 퀸 사이즈 침대를 놓을 수 있는 최소한의 넓이. 벽에 헤드보드 대신 라이닝(돌출벽)을 설치해서 소품을 놓을 수 있게 했다.

의복 수납은 옷걸이 봉만 설치한 WIC에 집약했다. 그밖의 생활용품은 이동 가구에 수납한다.

'자전거를 집안에 놓고 싶다'는 요청에 따라 현관 옆에 자전거 주차 공간을 확보.

WIC
5.8m²

침실
7.5m²

세면실

현관

욕실
(샤워 부스)

화장실

D
13.2m²

LK
19.9m²

침실과 주방 양쪽에서 드나들 수 있는 세면실. 욕조를 생략한 샤워 부스로 만들어서 크기를 줄였다.

LDK는 식재가 있는 넓은 발코니에 인접한다. 창문으로 빛과 바람이 들어오는 기분 좋은 공간.

자전거를 손질하거나 발코니의 식물을 피난시키기에도 편리한 토방 바닥.

레코드를 즐기는
LDK와
밝고 넓은 현관홀

면적
68 m²

LDK와 침실을 연결하는 실내창 덕택에 공간이 훨씬 넓어 보이고 통풍도 확보할 수 있다.

LDK
31m²

'넓은 현관이 있으면 좋겠다'는 T 씨 부부의 요청에 따라 햇볕이 잘 드는 13.6m²의 현관홀이 탄생했다. 돌출된 창가에 설치한 벤치는 재택근무를 하는 공간이며 두 번째 거실로서 편히 쉴 수 있는 장소이기도 하다. 벤치 반대쪽은 두 사람이 동시에 쓸 수 있는 편리한 세면대를 설치했다. 개방적인 공간에서의 몸단장은 기분이 좋을 듯하다. T 씨 부부는 '최대한 개방적인 집을 만들고 싶다'고 생각했다. 그래서 침실에는 실내창을 달아 LDK와의 연결을 느낄 수 있는 공간으로 만들었다. LDK의 벽면에는 레코드와 오디오가 들어가는 커다란 선반을 제작했다. 남쪽 발코니에서 보이는 풍부한 경치를 즐기며 좋아하는 레코드를 감상할 수 있는 기분 좋은 공간이 완성되었다.

체크무늬 유리를 넣은 문이 서로의 공간에 빛과 기척을 전한다.

Data

건축 연식	전유 면적	구조	공사기간	가족 구성
43년	67.8m²	SRC 구조	2개월	부부

리모델링 동기와 집을 선택한 결정적인 이유

구조와 소재도 원하는 사양으로 하고 싶다
T 씨 부부는 구조와 소재도 자신들의 취향에 어울리는 집에서 생활하고 싶다는 마음에서 구축 아파트 리모델링을 통한 집 꾸미기를 선택했다.

개방적인 구조를 만들기 쉽다
T 씨 부부는 편리한 도심부에 있으면서도 창문에서의 전망이 좋고 햇볕도 잘 드는 집을 구입했다. 원래는 3개의 방으로 세세하게 구분된 매물이었지만 물 쓰는 곳이 한 쪽으로 모여 있어서 칸막이벽을 전부 철거할 수 있었다. 그래서 T 씨 부부가 원하는 개방적인 구조를 만들기 쉬운 집이었다.

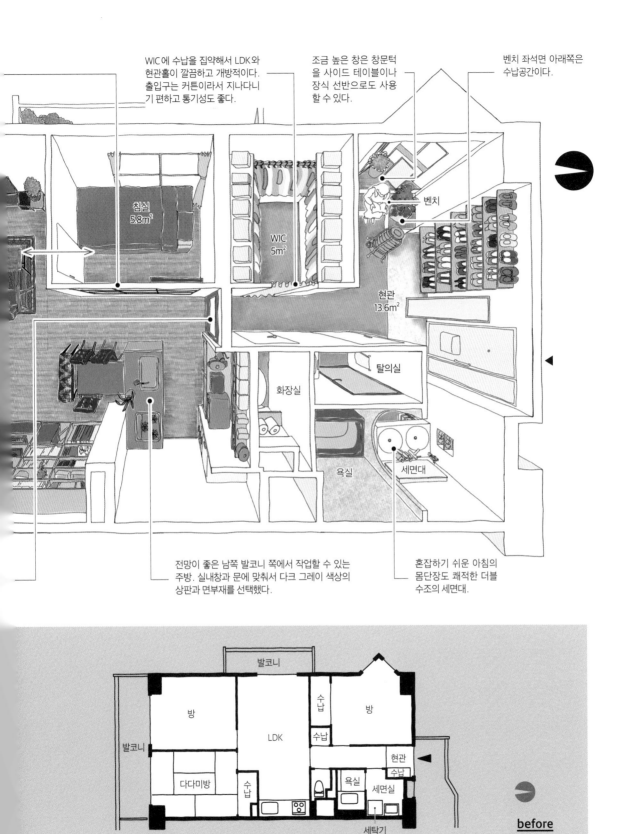

WIC에 수납을 집약해서 LDK와 현관홀이 깔끔하고 개방적이다. 출입구는 커튼이라서 지나다니기 편하고 통기성도 좋다.

조금 높은 창은 창문턱을 사이드 테이블이나 장식 선반으로도 사용할 수 있다.

벤치 좌석면 아래쪽은 수납공간이다.

침실
5.8m²

WIC
5m²

벤치

현관
13.6m²

탈의실

화장실

욕실

세면대

전망이 좋은 남쪽 발코니 쪽에서 작업할 수 있는 주방. 실내창과 문에 맞춰서 다크 그레이 색상의 상판과 면부재를 선택했다.

혼잡하기 쉬운 아침의 몸단장도 쾌적한 더블 수조의 세면대.

발코니

방

수납

방

LDK

수납

발코니

현관

수납

다다미방

수납

욕실

세면실

세탁기

before

빛이 구석구석 미치고
바람이 잘 통하는
둥근 벽이 있는 집

면적
63m²

결로가 생겨서 바닥이 젖어도 손보기 쉽게 창가는 타일 바닥의 내부 테라스로 만들었다. 아이가 자라면 식물을 놓을 예정이다.

K 씨의 집은 약 9미터의 둥근 벽이 집안을 가로지른다. LDK를 최대한 넓히기 위해서 만든 이 벽은 창문에서 들어오는 빛을 집 안쪽까지 확산하는 효과도 있다. LDK와 홀 사이에 설치한 유리벽을 투과한 빛은 현관을 부드러운 빛으로 가득 채운다. K 씨 가족은 '환기가 잘 되고 여름에는 습기가 생기지 않으며 겨울에는 차가워지지 않는 집'을 바랐다. 칸막이가 없는 침실과 예비실은 출입구를 개방해서 집안의 공기가 순환하게 했다. 둥근 벽의 마감에는 습도 조절 작용이 있는 소재를 사용하고 바닥은 원목 바닥재를 깔아서 '장마라도 기분 좋게 생활할 수 있다'고 한다. 맑은 날에는 창문을 활짝 열고 집안을 뛰어다니는 아이를 지켜보며 지낼 수 있는 건강한 집이다.

침실
6.1m²

카펫을 깐 침실은 이불을 치우면 아이의 놀이 공간이 된다.

Data

건축 연식	전유 면적	구조	공사기간	가족 구성
27년	62.7m²	RC 구조	2개월	부부+자녀(2명)

리모델링 동기와 집을 선택한 결정적인 이유

생활에 부담을 주지 않는 무리 없는 내 집 구입
K 씨 부부는 아이가 태어나서 '가족이 함께 지내는 경험을 소중히 하고 싶다'고 생각했다. 그래서 이상적인 생활을 실현하며 집에 돈을 지나치게 들이지 않는 방법으로 구축 아파트 리모델링을 선택했다.

창문을 활짝 열어 놓는 생활을 하고 싶다
K 씨 가족은 이전에 테라스형 월셋집에 살았다. 위아래층을 오가는 생활이나 밖에서의 시선이 신경 쓰이는 환경에 불만을 느꼈다. 그래서 '스스럼없이 창문을 열고 생활하고 싶다'는 마음에서 전망이 좋은 고층 아파트로 결정했다.

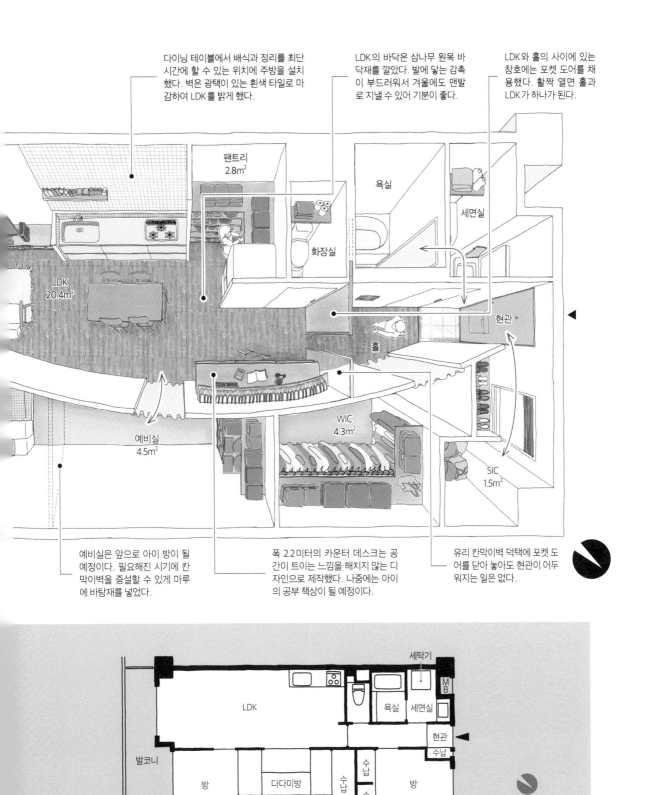

다이닝 테이블에서 배식과 정리를 최단 시간에 할 수 있는 위치에 주방을 설치했다. 벽은 광택이 있는 흰색 타일로 마감하여 LDK를 밝게 했다.

LDK의 바닥은 삼나무 원목 바닥재를 깔았다. 발에 닿는 감촉이 부드러워서 겨울에도 맨발로 지낼 수 있어 기분이 좋다.

LDK와 홀의 사이에 있는 창호에는 포켓 도어를 채용했다. 활짝 열면 홀과 LDK가 하나가 된다.

팬트리
2.8m²

욕실

세면실

화장실

LDK
20.4m²

현관

홀

예비실
4.5m²

WIC
4.3m²

SIC
1.5m²

예비실은 앞으로 아이 방이 될 예정이다. 필요해진 시기에 칸막이벽을 증설할 수 있게 마루에 바탕재를 넣었다.

폭 2.2미터의 카운터 데스크는 공간이 트이는 느낌을 해치지 않는 디자인으로 제작했다. 나중에는 아이의 공부 책상이 될 예정이다.

유리 칸막이벽 덕택에 포켓 도어를 닫아 놓아도 현관이 어두워지는 일은 없다.

세탁기

LDK

욕실

세면실

MB

발코니

현관

수납

방

다다미방

수납

수납

수납

방

before

욕실까지
빛이 들어오는
개방적인 생활

면적
62m²

서재는 작업에 집중하기 쉬운 작은 공간. 천장 부근의 작은 창으로 고양이가 엿보러 올 때도 있다.

T 씨 부부의 집은 세면실과 침실, WTC에도 문이 없는 개방적인 구조다. 거실의 문은 유리 미닫이문으로 만들고 LDK와 침실 사이에도 커다란 실내창을 설치해 발코니에서 들어오는 빛과 바람이 현관까지 닿게 했다. 작업 공간과 WTC의 벽에 뚫은 작은 창은 바람을 통하게 하며 벽면에 강조 효과도 준다. T 씨 부부의 꿈이었던 '창문이 있는 욕실'은 유리블록으로 실현했다. 유닛배스 구조로 만들 수 있는 가장 큰 유리벽을 사용해 욕실이 매우 밝아졌다. 문을 열고 닫는 일이 적고 공간을 오가기 쉬운 구조는 고양이에게도 쾌적하다. 높은 지대에 지은 아파트만의 좋은 통풍과 채광을 실컷 만끽할 수 있는 개방감 넘치는 집이다.

사선으로 깐 바닥재로 실제보다 더 넓은 느낌을 연출했다. 주방도 붙박이로 만들어서 넓은 공간을 확보했다.

Data

건축 연식	전유 면적	구조	공사기간	가족 구성
43년	62.15m²	RC 구조	2개월	부부+고양이

리모델링 동기와 집을 선택한 결정적인 이유

자신의 취향대로 매물을 선정하거나 공간을 만들고 싶다
T 씨 부부에게는 '창문이 있는 욕실에서 목욕을 즐길 수 있는 개방적인 집에 살고 싶다'는 꿈이 있었다. 매물의 선택지가 많은 구축 아파트에서 조망이 좋은 집을 엄선해서 독창성이 있는 공간을 리모델링으로 꾸미는 방법을 선택했다.

전망 좋은 고지대의 매물
T 씨 부부는 높은 지대에 지은 아파트를 구입했다. '경사가 급한 언덕을 올라간 끝에 있는 집에서 보이는 전망과 바람이 지나가는 느낌이 마음에 들었다'고 한다. 약 62m²의 집은 발코니가 남쪽이고 부술 수 없는 칸막이벽이 없었기 때문에 개방적인 공간을 계획하기에 좋았다.

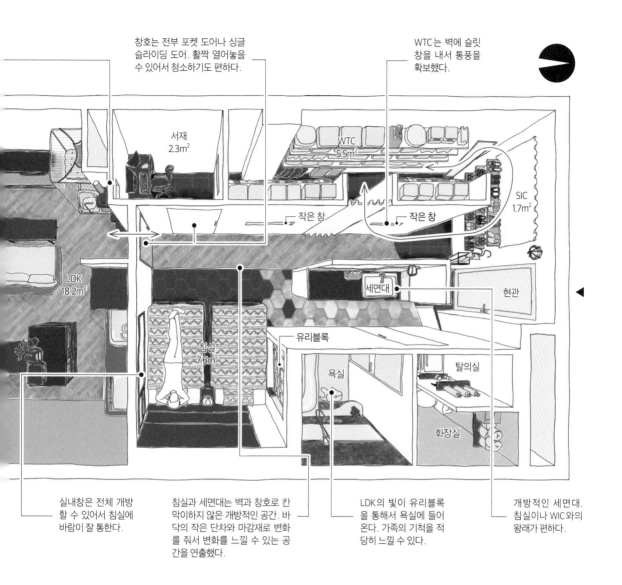

창호는 전부 포켓 도어나 싱글 슬라이딩 도어. 활짝 열어놓을 수 있어서 청소하기도 편하다.

WTC는 벽에 슬릿 창을 내서 통풍을 확보했다.

서재
2.3m²

WTC
5.5m²

작은 창

작은 창

SIC
1.7m²

LDK
18.2m²

세면대

현관

침실
7.6m²

유리블록

욕실

탈의실

화장실

실내창은 전체 개방 할 수 있어서 침실에 바람이 잘 통한다.

침실과 세면대는 벽과 창호로 칸막이하지 않은 개방적인 공간. 바닥의 작은 단차와 마감재로 변화를 줘서 변화를 느낄 수 있는 공간을 연출했다.

LDK의 빛이 유리블록을 통해서 욕실에 들어온다. 가족의 기척을 적당히 느낄 수 있다.

개방적인 세면대. 침실이나 WIC와의 왕래가 편하다.

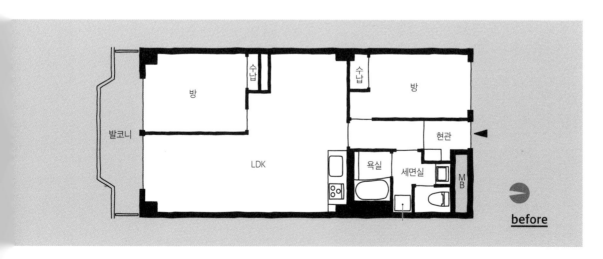

방

수납

수납

방

발코니

현관

LDK

욕실

세면실

M B

before

계절에 따라
생활하는 공간을
바꿀 수 있는 집

면적
62m²

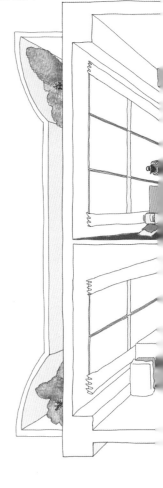

서쪽에서 들어오는 햇빛
열 대책으로 서쪽 벽에
단열재를 넣어 온열 환경
의 쾌적성을 높였다.

M 씨의 집은 맨 끝에 위치하여 세 방향으로 창이 나 있다. 건물의 장점을 살려서
'햇빛이 잘 드는 남쪽'과 '공원의 풍부한 나무들이 보이는 북쪽'을 만끽할 수 있는
생활을 고려했다. 그렇게 해서 책상과 수납을 하나로 합친 상자가 공간을 완만
하게 구분하는 원룸 구조가 완성되었다. 원룸은 모양을 바꾸기 쉬우므로 여름에
는 시원한 북쪽, 겨울에는 따뜻한 남쪽을 휴식 장소로 할 수 있다. 이동하기 쉽게
이동식 TV 받침대를 비롯해 가구도 움직이기 쉬운 것으로 갖췄다. 북쪽의 바닥
은 일부가 바닥 타일로 되어 있어서 '식물을 키울 수 있는 내부 테라스'를 실현했
다. 여름에는 창문으로 불꽃놀이를 볼 수 있다는 M 씨의 집은 사계절을 느끼며
생활할 수 있는 유연한 공간이다.

Data

건축 연식	전유 면적	구조	공사기간	가족 구성
42년	62.15m²	RC 구조	2개월	독신

리모델링 동기와 집을 선택한 결정적인 이유

앞으로의 변화에 대응할 수 있는 내 집을 바라며
M 씨는 '집세가 아깝게 느껴져서 주택 구입을 결심했다'고 한다. 현재 사는 집은 일 때문에 살게 된 지역이라서 나중에는
고향으로 돌아갈 가능성이 있었다. 앞으로 임대로 내놓을 것을 고려하기 쉬운 점이나 자신만의 공간 만들기를 실현할 수
있는 점에 매력을 느껴서 구축 아파트 리모델링을 실시했다.

공원이 코앞에 있고 역과 가깝다
조용하고 자연이 풍부한 환경을 바란 M 씨는 큰 공원이 있는 지역으로 범위를 한정해서 매물을 찾았다. 그렇게 해서 공
원의 나무들이 집에서 보이는 매물을 선택했다. 역이 가깝고 면적이 62m²이며 주차장도 있어서 임대로 내놓기 좋은 특
징을 갖췄다.

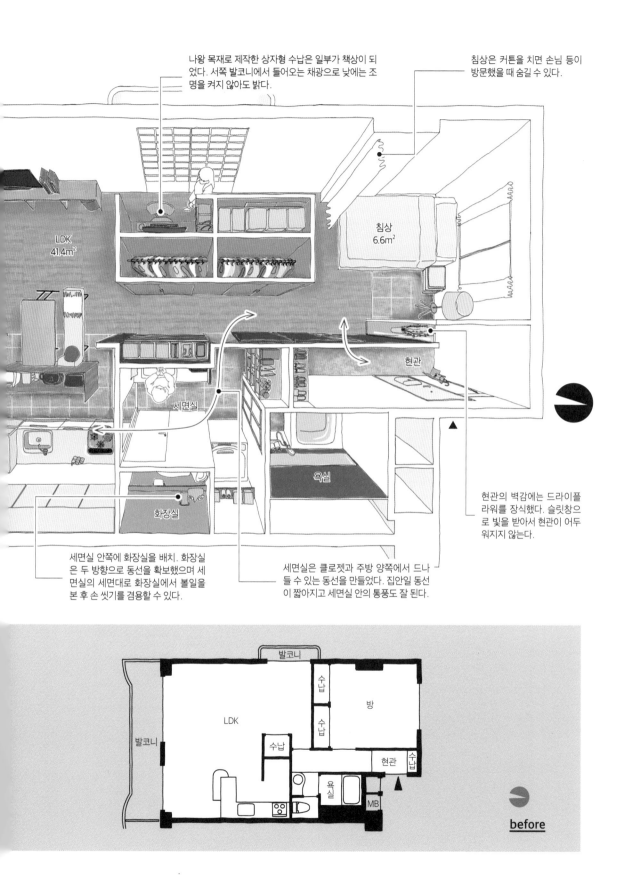

나왕 목재로 제작한 상자형 수납은 일부가 책상이 되었다. 서쪽 발코니에서 들어오는 채광으로 낮에는 조명을 켜지 않아도 밝다.

침상은 커튼을 치면 손님 등이 방문했을 때 숨길 수 있다.

LDK
41.4m²

침상
6.6m²

현관

세면실

욕실

화장실

현관의 벽감에는 드라이플라워를 장식했다. 슬릿창으로 빛을 받아서 현관이 어두워지지 않는다.

세면실 안쪽에 화장실을 배치. 화장실은 두 방향으로 동선을 확보했으며 세면실의 세면대로 화장실에서 볼일을 본 후 손 씻기를 겸용할 수 있다.

세면실은 클로젯과 주방 양쪽에서 드나들 수 있는 동선을 만들었다. 집안일 동선이 짧아지고 세면실 안의 통풍도 잘 된다.

발코니

수납

방

LDK

수납

수납

발코니

현관

수납

욕실

MB

before

순환 동선이
만들어낸
전망 좋은 창가

면적
55m²

서쪽 발코니에서 아름다운 벚나무가 보이는 T 씨의 아파트. 현관 토방을 서쪽 발코니까지 연장시켜서 고양이도 꽃을 구경할 수 있는 반실외적인 공간을 만들었다. 아침 햇살이 들어오는 동쪽 발코니 쪽에 주방 작업대를 놓아서 탁 트인 경치를 바라보며 요리할 수 있게 했다. 또한 창가는 바닥에 타일을 깔아 툇마루 공간으로 만들어, 이곳에 스툴을 놓으면 주방을 바 카운터처럼 사용하며 보낼 수 있다. 창가의 토방과 툇마루를 지나서 집안을 돌 수 있는 구조로 만들었기에 통풍이 잘되며 고양이도 자유롭게 돌아다닐 수 있게 되었다. T 씨는 캣타워를 창가에 설치해서 고양이와 함께 경치를 즐긴다고 한다. 창가의 활용 방법이 독특한 주택이다.

Data

건축 연식	전유 면적	구조	공사기간	가족 구성
11년	55.0m²	RC 구조	2.5개월	독신+고양이

리모델링 동기와 집을 선택한 결정적인 이유

개방적인 주방과 고양이에게도 쾌적한 공간
T 씨는 원래 살았던 아파트를 리모델링했다. 입지와 조망이 마음에 들었지만 답답한 느낌이 있는 주방이나 들보와 배관 공간 때문에 천장에 튀어나온 부분에 불만을 느꼈다고 한다. '함께 사는 고양이들에게도 쾌적한 공간을 만들어주고 싶다'는 마음도 리모델링을 결정한 커다란 동기가 되었다.

상대가 좋은 기존 설비를 이용해 비용 절감
집은 지은 지 11년 정도 지나서 설비기기 상태가 좋았다. 그래서 욕실과 화장실은 기존 설비 그대로 이용하고, 방을 나눈 미닫이문을 거실 벽면 수납장의 미닫이문으로 재사용해서 비용을 절감했다.

before

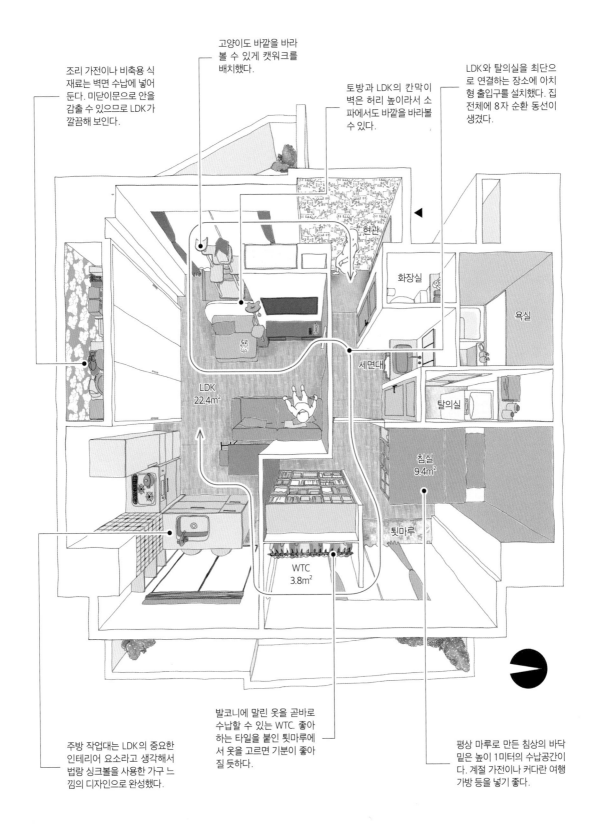

조리 가전이나 비축용 식재료는 벽면 수납에 넣어둔다. 미닫이문으로 안을 감출 수 있으므로 LDK가 깔끔해 보인다.

고양이도 바깥을 바라볼 수 있게 캣워크를 배치했다.

토방과 LDK의 칸막이 벽은 허리 높이라서 소파에서도 바깥을 바라볼 수 있다.

LDK와 탈의실을 최단으로 연결하는 장소에 아치형 출입구를 설치했다. 집 전체에 8자 순환 동선이 생겼다.

현관

화장실

욕실

세면대

LDK
22.4m²

탈의실

침실
9.4m²

툇마루

WTC
3.8m²

주방 작업대는 LDK의 중요한 인테리어 요소라고 생각해서 법랑 싱크볼을 사용한 가구 느낌의 디자인으로 완성했다.

발코니에 말린 옷을 곧바로 수납할 수 있는 WTC. 좋아하는 타일을 붙인 툇마루에서 옷을 고르면 기분이 좋아질 듯하다.

평상 마루로 만든 침상의 바닥 밑은 높이 1미터의 수납공간이다. 계절 가전이나 커다란 여행 가방 등을 넣기 좋다.

가족의 기척을 느낄 수 있는 삼각형 원룸

면적
64m²

'편히 쉴 수 있는 널찍한 거실'을 바란 K 씨 부부는 삼각형 매물을 과감한 원룸으로 싹 바꿨다. 점점 비스듬해지는 벽을 따라 설치한 카운터와 주방은 거실 안쪽으로의 거리감을 강조해서 넓어 보이게 한다. 또한 상자 모양으로 한곳에 모은 위생 공간 주위에 순환 동선을 만들어 막다른 곳을 없애서 실제보다 더 넓어 보이는 집을 완성했다. 3면의 외벽 전체에 창문이 달려 있어서 1층이지만 밝고 구석구석까지 빛이 닿는다. 입주 후에 아이가 태어난 K 씨 부부는 '현관 옆에서 손 씻기', '집안을 한눈에 바라볼 수 있는 주방', '가족의 목소리가 들리는 공간' 덕택에 아이와의 생활도 안심할 수 있다. 변형 주거를 똑똑하게 활용한 독특한 아이디어다.

Data

건축 연식	전유 면적	구조	공사기간	가족 구성
15년	64.06m²	RC 구조	2개월	부부+자녀(1명)

리모델링 동기와 집을 선택한 결정적인 이유

자신이 원하는 주방을 자유롭게 만들고 싶다

K 씨 부부는 '편히 쉴 수 있는 널찍한 거실과 자신들이 좋아하는 주방을 만들고 싶다'는 마음에서 자유롭게 설계할 수 있는 구축 아파트 리모델링을 선택했다. 살고 싶은 동네에서 매물을 선정하기 쉬운 점도 구축 아파트의 매력이었다.

독특한 주거 형태를 살려서 독자적인 집을 꾸민다

관리 체제가 좋은 점에 마음이 끌려서 삼각형에 가까운 형태의 1층 집을 선택했다고 한다. 언뜻 보면 계획을 짜기 어려워 보이지만 건축학과 출신인 아내는 '다른 곳에는 없는 특별함을 느꼈다'며 독특한 공간을 꾸밀 수 있는 것을 기대해서 구입을 결심했다.

before

방 / 수납 / 욕실 / 수납 / 현관 / 세탁기 / 세면실 / LDK / 수납 / 방

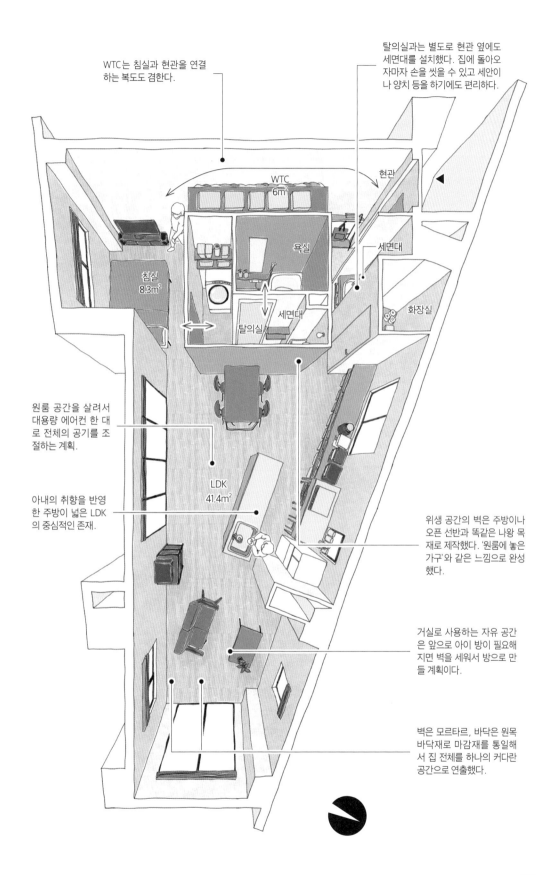

WTC는 침실과 현관을 연결
하는 복도도 겸한다.

탈의실과는 별도로 현관 옆에도
세면대를 설치했다. 집에 돌아오
자마자 손을 씻을 수 있고 세안이
나 양치 등을 하기에도 편리하다.

현관

WTC
6m²

욕실

침실
8.3m²

세면대

탈의실

세면대

화장실

원룸 공간을 살려서
대용량 에어컨 한 대
로 전체의 공기를 조
절하는 계획.

아내의 취향을 반영
한 주방이 넓은 LDK
의 중심적인 존재.

LDK
41.4m²

위생 공간의 벽은 주방이나
오픈 선반과 똑같은 나왕 목
재로 제작했다. '원룸에 놓은
가구'와 같은 느낌으로 완성
했다.

거실로 사용하는 자유 공간
은 앞으로 아이 방이 필요해
지면 벽을 세워서 방으로 만
들 계획이다.

벽은 모르타르, 바닥은 원목
바닥재로 마감재를 통일해
서 집 전체를 하나의 커다란
공간으로 연출했다.

내부 테라스와
실내창으로 바깥을
느낄 수 있는 집

면적
63m²

'바깥과 같은 공간을 최대한 만들고 싶다'는 요청에 따라 창가의 작업 공간을 토방 바닥으로 만들었다.

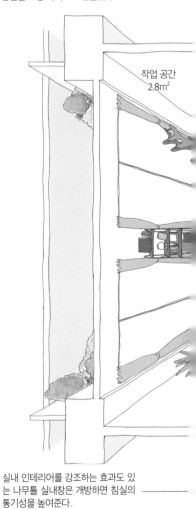

작업 공간
2.8m²

남쪽의 창문에서는 나무가 우거진 자연과 주택가의 위로 펼쳐지는 하늘이 보인다. 창가에 만든 작은 내부 테라스는 그런 풍요로운 환경을 집안으로 끌어들였다. 기분 좋은 바깥의 빛과 바람은 커다란 실내창을 설치해서 침실에도 들어온다. 침실, WTC, 세면실의 출입구는 통기성이 좋은 커튼으로 막았기 때문에 거실의 문을 열면 집안에 신선한 바깥 공기가 순환한다. I 씨 부부가 좋아하는 미드센추리 모던 스타일의 실내 인테리어와 가구도 집의 아늑한 느낌을 높여주는 중요한 요소다. 파케이 바닥재(쪽매널 마루로, 여러 가지 색상과 무늬가 있는 천연목 널조각을 기하학 무늬 등으로 붙여 깐 마루-옮긴이)와 따뜻함이 느껴지는 목제 창호, 판자벽도 공간을 돋보이게 한다. '정말로 필요한 것도 좋아하는 것에만 둘러싸인 생활'을 가득 담았다.

실내 인테리어를 강조하는 효과도 있는 나무틀 실내창은 개방하면 침실의 통기성을 높여준다.

`Data`

건축 연식	전유 면적	구조	공사기간	가족 구성
39년	63.12m²	SRC 구조	2개월	부부+고양이

리모델링 동기와 집을 선택한 결정적인 이유

크기나 디자인도 자신들에게 어울리는 집
I 씨 부부는 '우리에게 어울리는 것과 좋아하는 것으로만 만든 집을 원했다'고 한다. 둘 다 키가 큰 탓에 그 전까지 살았던 월셋집이나 매매 주택의 설비를 사용하기 불편해서 스트레스를 받았다. 이상적인 집을 전부 디자이너와 만들 수 있는 점이나 신축 주문 주택과 비교해서 부담 없이 구입할 수 있는 점에 마음이 끌려서 구축 아파트 리모델링을 선택했다.

하늘과 자연을 바라볼 수 있는 아파트 단지
I 씨 부부는 교외에 있는 단지형 아파트를 구입했다. 방에서 보이는 가로수의 높이가 집과 비슷해서 자연과 하늘이 조화롭게 보이는 점이 마음에 들었다.

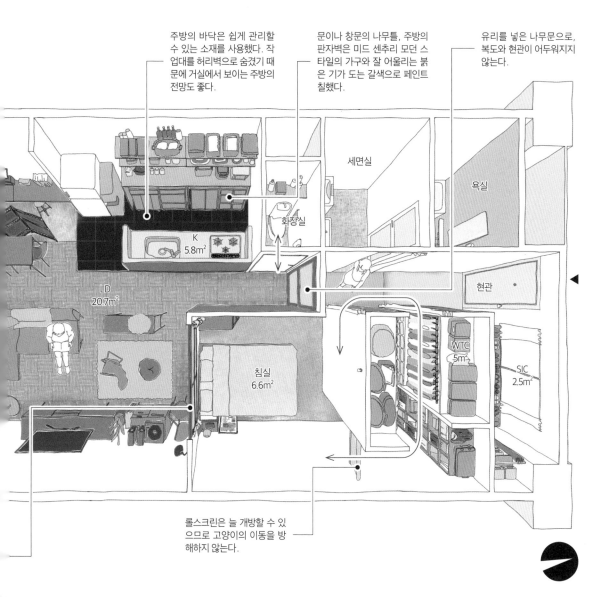

주방의 바닥은 쉽게 관리할 수 있는 소재를 사용했다. 작업대를 허리벽으로 숨겼기 때문에 거실에서 보이는 주방의 전망도 좋다.

문이나 창문의 나무틀, 주방의 판자벽은 미드 센추리 모던 스타일의 가구와 잘 어울리는 붉은 기가 도는 갈색으로 페인트 칠했다.

유리를 넣은 나무문으로, 복도와 현관이 어두워지지 않는다.

세면실

욕실

K
5.8m²

화장실

현관

LD
20.7m²

침실
6.6m²

WTC
5m²

SIC
2.5m²

롤스크린은 늘 개방할 수 있으므로 고양이의 이동을 방해하지 않는다.

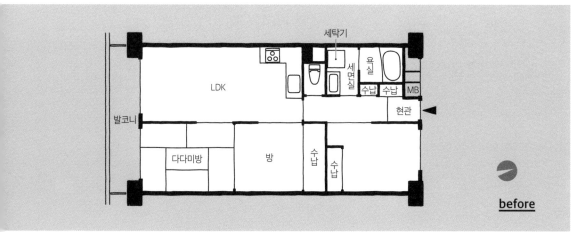

세탁기

LDK

세면실

욕실

수납 수납 MB

현관

발코니

다다미방 방 수납 수납

before

창문 쪽으로 전면 개방한
미술 작품이 빛나는 집

면적
54 m²

Y 씨 부부는 자신들이 원했던 면적보다 조금 작은 54m²의 집을 구입했다. 이 조건으로 넓이를 최대한 확보하기 위해서 다락 모양의 침상을 놓아 공간을 수직으로 활용했다. 넓어진 LDK는 창문 세 군데에서 빛이 들어오는 개방적인 장소다. 침상 밑은 대용량 수납공간으로 활용했다. 현관과 창문 쪽으로 드나들 수 있으며 통풍도 잘된다. '미술관 느낌의 공간에서 살고 싶다'는 Y 씨 부부의 바람에 따라 화이트, 그레이, 골드를 사용해 통일감 있는 색조로 완성한 인테리어도 공간의 개방감을 높였다. 북쪽의 커다란 흰색 벽이 있는 공간은 그림과 오브제를 장식해서 즐기는 장소로도 제격이며, 나중에는 아이 방으로도 사용할 수 있다. 개인 공간이 필요해질 경우 만들면 된다는 유연한 발상법이다.

Data

건축 연식	전유 면적	구조	공사기간	가족 구성
10년	54.31m²	RC 구조	2개월	부부

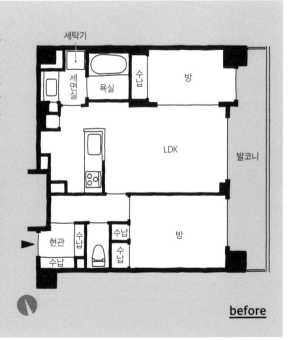

리모델링 동기와 집을 선택한 결정적인 이유

10년 후를 상상해서 신축과 구축 아파트를 비교
Y씨 부부는 '우리의 10년 후 생활을 상상해서 앞으로 매각하거나 임대로 내놓을 가능성을 고려해 구축 아파트 리모델링을 선택했다'고 한다. 자신들이 좋아하는 공간을 만들 수 있는 점에도 매력을 느꼈다.

집주인과의 이야기가 구입의 계기
나중에 매각이나 임대로 내놓을 가능성을 고려하여 입지와 관리 체제가 좋은 점을 중시하며 매물을 검토했다. 또한 출퇴근의 용이함, 예산, 반려 토끼 사육 여부 등의 조건도 충족시켜야 했다. Y 씨 부부는 '집주인과 이야기해서 어떤 사람이 살았는지 확인한 점도 좋았다'고 한다. 널찍한 공간을 만들기 쉬운 구조인 점도 중요한 점이었다.

세탁기 / 세면실 / 욕실 / 수납 / 방 / LDK / 발코니 / 현관 / 수납 / 수납 / 수납 / 방

before

북쪽 구석에 작게 합친 위생 공간. 환기를 위해 미닫이문을 열어 놓아도 디자인에 신경을 쓴 세면대가 보여서 멋있다.

거실, 다이닝을 한눈에 볼 수 있는 전망 좋은 아일랜드 주방. 뒤쪽의 문이 달린 수납장에 조리 가전이나 비축용품을 넣을 수 있어서 외관도 깔끔해 보인다.

흰색의 커다란 벽은 창문으로 들어오는 빛을 퍼뜨려서 공간을 밝게 한다. 그림이나 오브제를 자유롭게 장식하기 좋은 점도 장점이다.

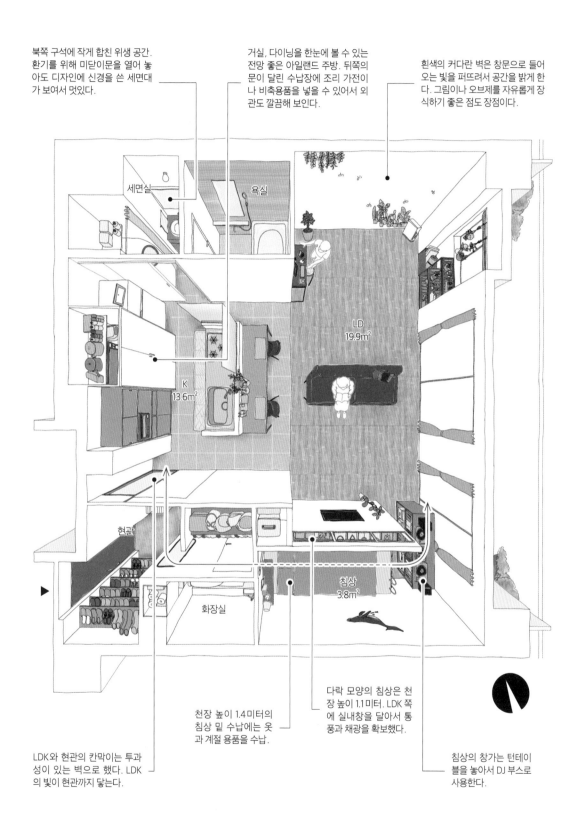

세면실

욕실

현관

LD
19.9m²

K
13.6m²

화장실

침상
3.8m²

LDK와 현관의 칸막이는 투과성이 있는 벽으로 했다. LDK의 빛이 현관까지 닿는다.

천장 높이 1.4미터의 침상 밑 수납에는 옷과 계절 용품을 수납.

다락 모양의 침상은 천장 높이 1.1미터. LDK 쪽에 실내창을 달아서 통풍과 채광을 확보했다.

침상의 창가는 턴테이블을 놓아서 DJ 부스로 사용한다.

빛과 바람이
실내 식물을 키우는 집

S 씨 부부의 취미는 식물 키우기다. 집에 햇볕이 잘 들고 바람도 잘 통하기를 바란 두 사람은 세 방향을 발코니로 둘러싼 맨 끝 쪽 집을 선택했다. 그런 집의 특징을 살려서 빛과 바람이 집안을 순환하는 개방적인 공간으로 만들었다. 현관을 들어서면 폭이 넓은 홀에서 시야가 탁 트이며 많은 식물들을 장식한 LDK가 맞이한다. LDK로 이어지는 침실 입구는 양여닫이 유리문을 달아서 빛과 시선이 잘 통한다. 또한 거실과 침실의 벽면을 똑같은 나무판을 붙여 마감해서 공간의 일체감을 높였다. 세면실도 주방과 일체화한 통풍이 잘 되는 공간이다. 목재와 식물에 둘러싸인 공간에서 편하게 쉴 수 있는 시간은 매우 기분이 좋을 듯하다.

Data

건축 연식	전유 면적	구조	공사기간	가족 구성	
27년	71.01㎡	SRC 구조	2.5개월	부부	

리모델링 동기와 집을 선택한 결정적인 이유

자신들이 좋아하는 공간으로 만들고 싶다
원예를 좋아하는 S 씨 부부는 햇볕이 잘 들고 바람이 잘 통하는 집에서의 생활을 바랐다. '이왕 집을 구입할 거라면 자신들이 좋아하는 공간으로 만들고 싶었다'며 구축 아파트 리모델링을 선택했다.

3방향 발코니가 있는 맨 끝의 집
S 씨 부부는 새로운 내진기준의 중층 아파트를 선택했다. 맨 끝에 위치하고 남향이며 세 방향에 창과 발코니가 있는 집이었다. 각 방이 창문 쪽에 있었지만 답답한 구조였기 때문에 빛이 도는 공간이 되도록 전체 리모델링을 실시했다.

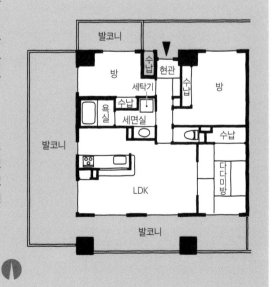

before

창호가 없고 주방으로 이어지는 세면실. 개방적이지만 주방에서는 내부가 보이지 않는다.

세탁 공간은 주방에 배치했다. 발코니에 빨래를 말리러 가기 쉽고 빨랫줄에 넣어서 실내에서 말릴 수도 있다.

평소에는 재택근무 공간으로 사용하는 게스트룸. 출입구는 유리창이 달린 문으로 만들어서 현관에 빛이 통하게 했다.

게스트룸
5.3m²

현관

욕실

침실
8.9m²

세면대

회장실

K
8.1m²

LD
20.4m²

폭이 넓은 복도는 LDK와 창호로 나누지 않고 하나의 공간으로 해서 개방적이다.

격자무늬 유리문으로 칸막이한 침실. 침실 안으로 시선이 트여서 거실에 있을 때 공간이 넓게 느껴진다.

발코니는 거실 쪽을 식물을 돌보는 작업장, 주방 뒤쪽을 빨래 건조 장소로 구분해서 사용한다.

소재 선택도 리모델링의 즐거움

리모델링이라면 바닥, 벽, 천장의 마감과 주방이나 세면대 등의 설비 및 일부분도 자신이 원하는 대로 마음껏 선택할 수 있다. 어떤 소재를 어떻게 조합할 것인지 고려하는 것도 집 꾸미기로 얻을 수 있는 즐거움이다.

다이닝과 주방의 벽 한 면을 흰색 타일로 붙였다. 검은색의 철물과 철제 조명을 맞춰서 브루클린의 카페풍 공간으로 완성했다.

다양하게 페인트칠한 세면실의 벽과 미닫이문. 세면대와 거울은 집주인이 직접 찾은 것을 사용했다. 손 씻기와 몸단장도 즐거워지는 세면실(20쪽 참조).

현관 마감재로는 베이지색의 벌집 모양 타일과 내추럴한 나무의 조합을 선택했다. 회색으로 페인트칠을 한 벽이 강조 효과를 준다(134쪽 참조).

세련된 네이비 색상 벽지로 마감한 벽. 바둑판무늬의 실내 유리창도 창틀의 색을 벽지와 맞춰서 통일감을 연출했다(110쪽 참조).

기존의 벽면 마감을 철거해서 드러난 접착제 자국이 거칠어 보이는 콘크리트 벽. 각기 다른 느낌을 주는 원목 바닥재가 조화를 이룬다(128쪽 참조).

파케이 바닥재와 붙박이 수납용에 설치한 익스팬디드 메탈이 통로에 인더스트리얼 분위기를 만들어냈다(88쪽 참조).

주방 카운터의 허리벽에 붙인 것은 헤링본 스타일의 원목 바닥재. 리모델링으로만 연출할 수 있는 자유로운 인테리어(84쪽 참조).

창가의 바닥을 타일로 마감한 내부 테라스. 벽으로 칸막이하지 않고, 바닥재의 변화로 공간의 용도를 완만하게 나누는 아이디어 (102쪽 참조).

조합을 마음대로 선택할 수 있는 모자이크 타일로 마감한 독창적인 세면대. 나무 상판과 선반도 매우 잘 어울린다(110쪽 참조).

식탁과 통일해서 수지 모르타르로 마감한 주방. 하얗게 칠한 콘크리트 천장이 공간에 부드럽고 넓은 느낌을 준다(48쪽 참조).

두툼한 원목재를 사용한 카운터는 중후한 느낌이 가득하다. OSB합판으로 마감한 벽이 투박하고 캐주얼한 분위기를 연출한다(106쪽 참조).

소재의 색감을 살린 무도장 목조 실내창과 고재목 발판 판자를 사용한 카운터로, 빈티지 잡화가 돋보이는 공간을 연출했다. 벽은 무광 도장으로 마감했다(82쪽 참조).

리노베루   <small>리노베루 주식회사 운영</small>

리모델링 쇼룸을 일본 전국 각지에 전시하는 '리노베루'는 매물 찾기부터 주택 자금 대출, 리모델링 설계, 시공, 인테리어까지 일련의 과정을 원스톱으로 지원한다. 총 4,000가구가 넘는 리모델링 실적을 통해 쌓은 노하우와 일본 전국의 부동산과 토목건축 공무소, 금융기관까지 망라하는 네트워크, 적극적인 테크놀로지 활용으로 구축 아파트 찾기와 리모델링 원스톱 서비스로 일본 최고의 실적을 자랑한다.

평면도 담당 디자이너   <small>소속은 각 사례의 준공 시점</small>

1. 리노베루 주식회사

기바모토 나오히로(木波本直宏), 아마노 신타로(天野慎太郎), 야마가미 다쓰히코(山神達彦), 이와시게 다쿠야(岩重卓也), 혼다 후미야(本多史弥), 하기모리 히로미(萩森浩美), 이시오카 다에코(石岡多恵子), 구라모토 야스유키(藏本恭之), 센가 미호(千賀美穂), 오야마 케이(大山慶), 우메키 사치(梅木幸), 모리하마 이쿠에(森濱育恵), 노가미 히로유키(野上広幸), 아이자와 케이(相澤桂), 히라타 고스케(平田航介), 다카기 지카코(高木知可子), 히라오 고지(平尾幸司), 이가라시 나오야(五十嵐直也), 오자와 요시키(尾澤佳樹), 미즈노 다카히로(水野貴大), 혼마 미키(本間美輝), 야마시타 구니히코(山下晋彦), 와키노 신페이(脇野心平), 이이지마 요시미(飯島好美), 가시와기 가즈히로(柏木一紘), 스즈키 쇼헤이(鈴木将平), 무토 마코토(武藤誠), 기쿠치 료타(菊地亮太), 소마 유리카(相馬友利華)

2. Niimori Jamison

니모리 유다이(新森雄大)

회사 개요

회사명	리노베루 주식회사
대표 이사	야마시타 도모히로(山下智弘)
본사 소재지	일본 도쿄도 미나토구
사업 내용	테크놀로지를 활용한 리모델링 플랫홈 사업, 구축 아파트 및 단독주택의 원스톱 리모델링, 한 건물 리모델링, 점포, 사무실, 상업시설의 설계 시공 및 컨설팅

관련 사이트 및 SNS

리노베루 주식회사 사이트

본문에 나온 사례를 사진으로 만나보세요!

리노베루 주식회사 인스타그램